チェルノブイリという経験

チェルノブイリという経験

尾松　亮
Ryo Omatsu

フクシマに何を問うのか

岩波書店

はじめに――いま「チェルノブイリからの言葉」に耳を傾けるとき

二年前の二〇一六年四月二六日、世界はチェルノブイリ原発事故三〇年を迎えた。歴史上だれも体験したことのない「カタストロフィ」であった。

一九八六年四月二六日、ソ連ウクライナ共和国の北部で起きた原子炉の爆発、メルトダウンと放射性物質の大量放出。

「これが一体何だったのか」「どんな救済が可能なのか」。チェルノブイリ被災地の人々は、言いあぐね、黙殺され、口を封じられながらも三〇年のあいだ、語り続けてきた。その言葉は「祈り」であったり、「手記」であったり、「カルテ」であったり、そして「法律」であったりする。

その「チェルノブイリの言葉」の発信は、やがて三二年を迎えようとする今もなお、続いている。

日本では福島第一原発事故から五年、六年……、やがて七年が過ぎようとしている。

この間、私たちは日本にチェルノブイリからの「ことば」をどの程度伝え、どの程度活かすことができたのか。その「ことば」が恣意的に歪められ、隠されてはこなかったか、検証も必要だ。

本書では、その「チェルノブイリの言葉」に耳を傾け、福島第一原発事故後、私たちが置かれた状況を理解する手がかりを探りたい。

本書は二〇一六年四月から一二月にかけて月刊『世界』に掲載された連載「事故三〇年　チェルノブイリからの問い」をもとにしている。

今、私たちはチェルノブイリ三二年、福島第一原発事故後七年を迎えようとしている。

現在の視座に立って、若干の書き直しや、追加の問いかけを込めた。

しかし、二〇一六年の時点で投げかけた問いや、試行錯誤で伝えようと試みた「チェルノブイリの言葉」は、二〇一八年の今も、ほぼそのまま響くように感じる。

逆に言えば日本国内では今なお、原発事故被害を受け止める言葉も、制度も、徹底的に不十分な状態が続いている。

だからチェルノブイリからの言葉は、今も痛烈なメッセージになりうる。

今もう一度、三〇年かけて彼らが紡ぎだした「ことば」に耳を傾けてみたい。

チェルノブイリという経験

目次

本書に登場する地域など

第1章　チェルノブイリ法の意義とフクシマ

法の不在という問題

「『法律』がないまま、五年が過ぎてしまった」

二〇一六年三月一一日。複雑な想いがこみ上げてきた。これから数十年、因果関係の確定できない「原発事故による被害かもしれない」ものと、「法律」なしに向き合うことができるのか。

二〇一一年三月一一日以降、福島第一原発事故の影響を考慮した法律がいくつもできた。福島県の復興・再生を重点課題として位置づける「福島特措法」(二〇一二(平成二四)年三月三一日)、賠償を円滑に進めるため国の資金を投入する「原子力損害賠償支援機構法」(二〇一一(平成二三)年八月一〇日)、「汚染状況重点調査地域」を定める「放射性物質汚染対処特措法」(二〇一一(平成二三)年八月三〇日)、そのほかにも原発事故対策に関わる法律ができた。それで、なぜ「法律がない」のか。

補償の対象となる「原発事故被災地」はどこなのか(認定基準と範囲)、補償されるべき「原発事故被災者」とは誰なのか、明確に定めた法律がまだない。そして、原発事故被害に対して、被災者の生涯、さらに次の世代にも続く、国による長期的保護義務を定めた法律がない。広範囲かつ未解明の影響に向き合う、国の法的責任は定められていない。

しかし原発事故とはいえ、一つの産業事故に対して、数世代続く、広範囲な国家責任を定めることがそもそもできるのか。そんな法律の例はあるのか。

結論からいえば、先例はある。チェルノブイリ原発事故から五年後、旧ソ連で成立した、通称「チェルノブイリ法」である。

チェルノブイリ法とは何か

チェルノブイリ法とは、一九九一年に当時のソビエト連邦で成立したチェルノブイリ原発事故被災者保護法である。一九九一年二月にウクライナ共和国法が定められ、同年ベラルーシ共和国、ロシア共和国でもほぼ同じ内容のチェルノブイリ法が成立した。ソビエト連邦自体は九一年末に解体されるが、これら三カ国ではソ連解体以後もチェルノブイリ法の運用を続けてきた。

本章では、一九九一年二月に成立したウクライナのチェルノブイリ法を軸に話を進めたい。ウクライナのチェルノブイリ法は「どこが汚染地域なのか」を定めた「汚染地域制度法」と、「誰が被災者でどんな補償を受ける権利があるのか」を定めた「被災者ステータス法」、主にこの二法から成り立つ。本章で例に挙げるのは主に後者、「被災者ステータス法」である(正式名称は一九九一年二月二八日付ウクライナ法「チェルノブイリ大災害により被災した市民の法的地位と社会的保護について」)。

「原発事故被災者保護法」としてのチェルノブイリ法の特徴は「対象の広さ」と「長期的時間軸」「国家責任の明確さ」である。

対象の広さについていえば、事故処理作業者、汚染地域からの避難者、汚染地域に住み続ける人々、様々な市民が「チェルノブイリ被災者」として保護される。また支援の対象になる地域も、原発周辺地域や立地自治体だけではない。三万七〇〇〇ベクレル／平方メートルの汚染度を超える、幅広い地域を支援の対象に含んでいる。

そして、チェルノブイリ法は被害が長期に続くことを前提にしている。法律で被災者と認められた市民には、生涯にわたり無料の健康診断が約束される。さらに条件を満たせば、事故の後に生まれた子どもたちも「被災者」と認められる。事故で被曝した親から生まれた子どもに、遺伝的影響が生じる可能性を考慮しているからだ。

また、これら被災者を保護し、被害を補償する責任は「国家」にあることが明確に示されている。チェルノブイリ法第一三条には以下の規定がある（傍点筆者）。

「国家は市民が受けた被害を補償する責任を引き受け、以下に規定する被害を補償しなければならない。（中略）チェルノブイリ大災害によって被害を受けた市民およびチェルノブイリ原発事故の事故処理作業者に対して適時に健康診断、治療、被曝量確定を行なう責任もまた国家にある」

被害者への補償を続けていくために、この「国家責任」の原則は欠かせない。民間企業による賠償や、ボランティアの支援だけで、数十年にわたって、広い層の国民の保護を約束できるものではない。

チェルノブイリ法については「理想論であり実際には機能していない」「法律に定められた支援策の二割程度しか実現していない」など、その運用面からの批判が多い。

確かに、原発事故から二〇年近く経った二〇〇〇年代半ばあたりからチェルノブイリ法に定められた支援策の実施率は著しく下がった。一九九六〜九八年には、チェルノブイリ法実施に必要な予算の五〇〜六

表 1-1　チェルノブイリ法(2014 年末時点*)が認める被災者と支援策の整理(主要なもの)

<table>
<tr><th>カテゴリー</th><th>対象者</th><th colspan="2">主な支援策・補償</th></tr>
<tr><td>収束作業者</td><td>1986〜90 年にチェルノブイリ原発事故収束作業に参加した市民
主に 30 km ゾーン内の勤務者(除染や消火作業だけでなく，運送，医療スタッフなど職種は様々)</td><td>• 医薬品費の免除
• 住宅保証面での優遇
• 保養費の減免
• 遺族に対する補償　等</td><td rowspan="3">生涯続く健康診断・年金その他の社会保障上の優遇</td></tr>
<tr><td>避難者</td><td>1　30 km ゾーン等からの強制避難者(避難時胎児であった市民も含む)
2　上記ゾーン外だが，5 ミリシーベルト／年を超える地域から移住が義務付けられた人々
3　上記 1・2 ゾーン外だが，1 ミリシーベルト／年を超える地域から自主的に移住した人々</td><td>• 避難元の不動産・財物の補償
• 避難先での住宅確保
• 避難先での雇用保障(優先雇用や職業訓練，給付金等)
• 移住一時金
• 引越し費用免除
• 医薬品費の減免
• 保養費の減免　等</td></tr>
<tr><td>汚染地域住民</td><td>土壌汚染度 3 万 7000 ベクレル／m² 以上，平均年間実効線量 0.5 ミリシーベルト／年を超える地域(上記 1 のゾーン以外)の住民</td><td>• 医薬品費の減免
• 保養費の減免
• 非汚染地域からの食品取り寄せのための月額給付金等</td></tr>
</table>

出所：チェルノブイリ法条文をもとに筆者作成
*2014 年末の法改正時点までは，基本 1991 年成立時と同じ原則・枠組みである．

〇％は拠出されていた。しかし、二〇〇三〜一〇年には実施に必要な予算の一四％程度しか出されていないという。

たとえば、被災者の年金受給年齢引き下げや、年金の割増支給は、最も財政負担が大きい項目である。近年、割増額の削減や受給年齢の引き上げが続く。また、二〇一〇年の保養希望者約三六万人のうち、実際に保養券（クーポン）を受け取ったのは約一一万人である。

なお予算削減はチェルノブイリ関連の補償にかぎったものではない。二〇〇〇年代以降、ウクライナやロシアでは年金や医療など社会保障費全般の削減が目立つ。

しかし、九一年に成立したこの法律によって可能になったことは多い。強制避難区域外でも年間一ミリシーベルトを超える追加被曝が推定される地域には、移住権が認められる。移住の際には、住宅の確保や雇用の支援を受けることができる。『ウクライナ政府報告書』(二〇〇六年)によれば、同国で二〇〇五年までの期間に一万四一七一世帯が、この「移住権」を行使している。これだけの世帯数が「自己責任」ではなく、国の責任によって移住の選択を実現できたことは特筆に値する。

近年、被災地住民からは「移住の権利はあるのに、国が移住先の住宅を用意してくれない」といった批判の声も聞く。しかし「私たちには移住の権利がある」という認識は、地域社会で共有されている。移住者に「勝手に出て行った」という社会的な批判が向けられることはない。権利が法律に定められたことで、お互いの選択を認め合う社会的な前提ができている。

また事故から三〇年後の現在まで、幅広い被災者(次世代も含む)に対する健康診断は続けられている。二〇一一年の『ウクライナ政府報告書』によれば、近年の健康診断の実施率は安定して高い。収束作業者の九七・三~九七・八%、成人被災者の九五・二%、被災児童の九九・二%が健康診断を受けている。

チェルノブイリ法に規定されている施策は「二割しか実現していない」という批判があるが、この健康診断のように九割五分を超える実施率を保つ施策もある。チェルノブイリ法が国家の責任を定めていたからこそ、予算難のなか、事故後三〇年近く経過した今まで続いてきた。

二〇一六年三月時点で、日本でも事故から五年が過ぎた。チェルノブイリ法が定めた基準や考え方を、日本の現状に照らし合わせて、再評価する時期に来ている。

一ミリシーベルト基準はどのように成立したか

「コンセプトの基本原則は、一九八六年生まれの子どもにとってそれぞれの地域での自然条件で事故前に住民が受けていた被曝量を超えるチェルノブイリ原発事故と関連した追加被曝量の実効線量当量が一、ミリシーベルト／年そして七〇ミリシーベルト／生涯を超えないことである」（傍点筆者）

一九九一年二月二七日のウクライナ共和国議会決議の一文である。八六年四月二六日の原発事故からおよそ五年後。放射能汚染を受けた地域では、住民はこれからも数十年間、被曝リスクと向き合わなければならない。国として「どの程度の被曝レベルを限度とするか」明確な基準が求められていた。

この決議は「事故の年に生まれた子どもに、一年間で一ミリシーベルトを超える被曝をさせない。生涯七〇ミリシーベルトを超える被曝はさせない」という宣言である。

チェルノブイリ法ではこの原則に基づき、「年間一ミリシーベルト」を超える追加被曝をさせ続けないために、前述の「移住権」を認める。また、この基準を超える被曝リスクのある地域に住む人々には「保養費減免」、食品購入補助などを行なう。一ミリシーベルト基準は、その意味で、チェルノブイリ法の要である。

原発事故以前から日本にある各種法令も、住民の追加被曝をこの「一ミリシーベルト」以下に収めるようルールを設定してきた。福島第一原発事故後も、長期的に目指すべき値は「一ミリシーベルト」とされている。

これに対して日本では環境大臣（二〇一六年二月当時）が一ミリシーベルトの目標値を「なんの科学的根拠

もなく定められた」と発言したことで批判を受けた。同大臣は後に発言を撤回した。しかし、この発言には、二〇ミリシーベルト以下では補償・支援の必要を認めない政府の立場が色濃く見える。

この一ミリシーベルト基準は、チェルノブイリ被災国ではどのように定められたのか。科学的根拠なく定められたものなのか、成立の経緯を見てみたい。

(1) 広範囲の汚染が明らかに

「いまだ、住民の広い層に受け入れられる汚染地域における安全な居住のコンセプトが存在していない」

原発事故から四年。チェルノブイリ法で一ミリシーベルト基準が確立する約一年前、一九九〇年四月二五日のソ連最高会議決議である。この決議には議会の危機感が読み取れる。広大な汚染地域で、住民の安全を保障するために被曝基準はどうあるべきか、考え方(コンセプト)が定まっていなかった。

一九八六年四月二六日の事故後、政府は三〇キロメートル圏からの住民避難を実施した。三〇キロメートルゾーンの外でも、いくつかのホットスポットから住民を避難させている。しかし、原発から数十キロ、数百キロ離れた地域の汚染状況が住民に伝えられることはなかった。住民の多くは、自分たちの地域がどの程度汚染されているのか知らないまま、事故後の数年を過ごした。

事故から三年後の一九八九年、情報公開を求める動きを背景に、ソ連政府も段階的に汚染地図を公表した。公開されたマップでは、原発から数百キロ離れた地域まで、汚染が広がっていた(図1-1)。住民にとっては、青天の霹靂である。「汚染されている」とわかっても、どうすればよいのか。原発事故からすでに四年が過ぎていた。今後短期的には、放射線量の大幅な減衰は期待できない。住民はこれから長いあいだ、原発事故の影響を受け続けるのだ。

政府や議会は、汚染地域に住む住民に「どのレベルまでであれば被曝を許容できるのか」、更なる避難は必要になるのか、という難問にぶつかった。

（2）非常時被曝基準の段階的な引き下げ

事故の起きた一九八六年、ソ連政府は住民の年間被曝限度を一〇〇ミリシーベルトまで引き上げた（表1-2）。この非常事態基準は翌八七年には三〇ミリシーベルト、八八年には二五ミリシーベルトと段階的に引き下げられていった。しかし引き下げたとはいえ非常事態基準である。いつまでも非常事態を続けるわけにはいかない。長期的に住民が生活することを前提にした平時の基準をどこに置くのか、議論が始まっていた。

図1-1 「プラウダ」紙（1989年3月20日）に掲載された汚染マップ

一九八九年にソ連放射線防護委員会が提案したのは「五ミリシーベルト／年（三五〇ミリシーベルト／生涯七〇年）」であった。この基準を適用すれば、五ミリシーベルト／年を超えない限り住民の防護は不要である。補償の対象も限定できる。チェルノブイリ以前からのソ連放射線安全基準（ＮＲＢ）で、「原子力施設周辺住民」の被曝限度を五ミリシーベルト／年としていたことが根拠であった。

しかし同安全基準では、一般の住民に対しては、より被曝量を低くする方針が示されていた。この安全基準に依拠するなら、五ミリ基準を妊婦や子どもも含む住民全般に適用することはできない。一般住民す

表 1-2　事故後の被曝基準の推移

	1986 年	1987 年	1988 年	1989 年
住民	100 ミリシーベルト／年	30 ミリシーベルト／年	25 ミリシーベルト／年	25 ミリシーベルト／年

出所：『ロシア政府報告書』2011 年版，22 頁を参考に筆者作成

べてに対し、年五ミリシーベルトまでの被曝を許容するというソ連放射線防護委員会の前述の提案は科学的にどうかという以前に「違法」(規則違反)であった。この提案が受け入れられることはなかった。

(3) 議会の決断　一ミリシーベルト基準の確立へ

被曝限度に関する合意が得られない状況において、ソ連最高会議は政府に早急に基準を定めるよう指示した。前述の一九九〇年四月二五日の決議は、次のように政府に命じている。

「(ソ連閣僚会議は)一九九〇年中に、『直線しきい値なしコンセプト』およびその他最新の考え方を考慮して、科学的に根拠づけられた住民の安全な居住基準の形成を完了すること」(傍点筆者)

「直線しきい値なし仮説」を考慮するなら、被曝量はできるだけ低く抑えることが望ましい。また、この決議に示された「最新の考え方」を参考にする方針も重要だ。当時最新の見地に基づき国際放射線防護委員会(ICRP)が同年一一月に採択した勧告には、一ミリシーベルト基準が示されている。

そして一九九一年二月二七日のウクライナ議会決議(先に引用)で、正式に一ミリシーベルト基準が確立された。原発事故からおよそ五年後である。

チェルノブイリ法の基準をつくる議論には、議員だけでなく科学者も参加している。

チェルノブイリ法案をつくる委員会では、バリヤフテル・ウクライナ科学アカデミー副総裁(当時)も、中心メンバーの一人であった。一ミリシーベルト基準を決定した一九九一年二月五日のチェルノブイリ委員会で、バリヤフテル氏は次のように述べている。

「医学的な問題について私はこう考える。わが国だけでなく世界で低線量については信頼できるデータは存在しない。わが共和国では、ヨウ素に被ばくし移住した人一〇万人、移住していない人一五万人がいる。原発作業員、リクビダートル(筆者注：収束作業員)も治療が必要だ。彼らは七年後位から白血病を発症するかもしれない。医師の養成が急務だが、そのためにも、この法律を採択することが求められている」(馬場朝子・尾松亮『原発事故 国家はどう責任を負ったか――ウクライナとチェルノブイリ法』東洋書店新社、二〇一六年より引用)

信頼できるデータは不足し、既存のデータについては評価が分かれる。そんな状況において、科学者は「なにがわかっていて、なにがわからないのか」を誠実に、意思決定者である人民代議員たちに示した。不確定なリスクがあることを認めた上で、将来の対策を準備するために定めた基準であり、法律であった。

「私たちは学者たちの意見を聞き、まったく違った意見、違った立場の話を聞き、最も受け入れられる基準を作りました」(同書)と同法の策定に議員として参加したヤツェンコ氏は言う。

当時の最新の科学的見地との整合性から、「これしかない」という基準であった。またソ連解体後、一九九六年にロシアは「放射線安全」法において平時の公衆の被曝限度として一ミリシーベルト基準を再確認している。九七年導入されたウクライナの安全基準も同様である。一ミリシーベルトは「ソ連末期につくられたポピュリズム基準」との批判はあたらない。

「子ども・被災者支援法」のバージョンアップを

「放射能汚染地域に居住する市民は、放射線状況や被曝量、被曝によるありうる健康被害に関する客観的な情報に基づいて、自主的に当該地域での居住を続けるか他の地域に移住するかを決定することができる」

チェルノブイリ法(ロシア版第六条)には、このように「移住権」と「居住の権利」が定められている。

実はこの条文を引き継いだ法律が、二〇一二(平成二四)年六月二七日に日本で成立している。

議員立法で成立した「子ども・被災者支援法」(支援法)だ。同法第二条二項には、次のように「移住権」「居住権」に関わる規定が盛り込まれた。

「被災者生活支援等施策は、被災者一人一人が第八条第一項の支援対象地域における居住、他の地域への移動及び移動前の地域への帰還についての選択を自らの意思によって行うことができるよう、被災者がそのいずれを選択した場合であっても適切に支援するものでなければならない」

この法律は、「移住権」「居住権」に加えて「いつか帰ってくる権利・帰る時期を自ら決める権利(帰還権)」を盛り込んだことが特徴だ。

この法律の素案は、当時政権与党であった民主党原発事故収束対策PT(プロジェクトチーム)のメンバーたちが、チェルノブイリ法を参考に議論を重ねるなかでつくられた。筆者は当時シンクタンク(現代経営技術研究所)のプロジェクトとして立法提案に取り組んでおり、このPTに参加しチェルノブイリ法の解説と提案を行なった。

当時PT座長の荒井聰《さとし》衆議院議員は、「(筆者注:チェルノブイリ法に)移住権や帰還権が定められていることを知り、これは福島にもつくらねばと思った」とコメントしている。

「一〇〇年残すつもりでつくった。全政治生命を懸けて、日本版チェルノブイリ法をつくりたかった」と、法成立の中心的役割をになった谷岡郁子元参議院議員は述べている。

またここに、当時の野党各党が提案する「子ども」「妊婦」の健康保護に焦点を当てた法案の内容も盛り込まれた。その野党提案の主要原案の一つを策定した川田龍平参議院議員によれば、その原案でもチェルノブイリ法の避難の権利が参考とされた。

与野党の審議により盛り込まれた内容で、特に重要なのは支援法第一三条二項の規定である。「少なくとも、子どもである間に一定の基準以上の放射線量が計測される地域に居住したことがある者(胎児である間にその母が当該地域に居住していた者を含む。)及びこれに準ずる者に係る健康診断については、それらの者の生涯にわたって実施されることとなるよう必要な措置が講ぜられるものとする」

この条文に従えば、健康診断の対象を福島県一県に限定する理由はない。健康診断は生涯にわたり国が続けなければならない。チェルノブイリ法の「健康保護の国家責任」という考え方に近い。

しかし今のところ、日本ではこの法律の条文通り自主避難者の権利尊重や、広い地域での子どもの健康保護が、実現しているとは言い難い。

「避難の権利」が認められるべき「支援対象地域」は、福島県内の浜通り・中通りの市町村に限定された。その地域からの避難者にさえ、公営住宅入居条件の若干の緩和があるだけだ。また、子どもに対する公的な健康診断も、事故当時の福島県在住者に限られている。「支援法」が政府の作為で「骨抜きにされた」と言われる所以だ。

日本では避難の権利が認められる基準、生涯にわたる健康診断を実施する基準があいまいなまま、「どこまでを対象にして何をするのか」が官僚のさじ加減に委ねられてしまった。ウクライナでは議会が民意に基づく決断によって一ミリシーベルト基準を確立した。ここが大きく異なる。

立法者の谷岡氏は「密かに小さく生んで、でも一〇〇年残すつもり」と話した。この法律はまだ「小さく生まれた」ままの状態である。機会あるごとに争点化し、肉付けしていくことが必要である。

「支援法」を推進する超党派議員連盟では前述の第一三条を具体化し、福島県外でも健康診断や医療費の減免を認める法案の策定に取り組んできた。また同議員連盟代表代行の荒井広幸参議院議員（当時）は、チェルノブイリ法の「原発周辺地域の国家責任による管理と長期避難の保証」という考え方を取り入れた制度提案（居住コンセプト）を続けてきた。

日本版「チェルノブイリ法」をつくる取り組みは

チェルノブイリ法の価値は、実際に拠出した補償金の額だけで測れるものではない。この法律が社会に「不明な放射線リスクのなかで、それぞれの選択が尊重される」という価値観を浸透させたことに意義がある。

日本の「支援法」は「放射性物質による放射線が人の健康に及ぼす危険について科学的に十分に解明されていない」と認めている。日本の法律が、「避難と居住継続」どちらの選択も国が支援すると定めたのだ。「支援法」を土台にして、「避難の権利」「リスクを下げながら住む権利」という社会の共通認識をつくっていくことはできるはずだ。

もちろん「価値観」だけでは現実は変わらない。二〇一七年三月末には、避難指示区域外からの避難者への応急仮設住宅供与が打ち切りになった。これは、福島県からの避難者に限定した住宅供与である。さらに二〇一二年一二月末までに申請した避難者に限られる。しかし、これを命綱に避難生活を続けてきた家族も少なくない。原発事故の影響を避けるために避難継続を望む人々の権利、その人々に対する国や自治体の義務は、存在しないかのごとき対応である。一部独自支援を続けるという体裁をとりながらも、事実上住居を追われた避難者は、自己責任で放り出される事態となっている。

「支援法」を含む福島原発事故後の法律は、国の「社会的責任」というあいまいな規定となっている。しかし、二〇一七年、複数の地裁判決(前橋、福島)が事故に対する国の責任を認めた。チェルノブイリ法と同様の国家による補償責任を法的に定めるよう、求めていくべきだ。

法律で明確に規定をしなければ、住宅を追われる避難者にも、「放射線の影響が否定できない」健康被害が生じた場合にも、国による保護はない。

「日本版チェルノブイリ法」はチェルノブイリ法のコピーである必要はない。日本の実情に即し取捨選択し、充実させたものであればよい。一つの法律でなく、複数の立法によって理念を実現していくものとなるだろう。その策定はまだ途上である。

「法律のないまま五年が過ぎた……」。でも「小さく生まれた」法律の萌芽はある。これを育てられるのか。「法律」のないまま被害と向き合うのか、それがいま、問われている。

第2章　消される「被災地」、抗う被災者

「立入り禁止ゾーンを半径一〇キロメートルに縮小か?」
「被災地認定取り消しで、住民は補償金を失う」

二〇一五年後半から一六年にかけて、ロシア語のプレスでセンセーショナルな記事が目に付いた。二〇一六年四月二六日は、チェルノブイリ原発事故(一九八六年)から三〇年にあたる。日本でも各紙が関連した特集を組んでいた。

チェルノブイリ原発事故後、原発から三〇キロメートル圏内は強制避難の対象となり、その後も立入り規制が続いてきた。またロシア、ウクライナ、ベラルーシ三カ国にまたがる広大な地域が法律で「汚染地域」と認められ、補償の対象になった。

事故後三〇年といえば、セシウム137の半減期にあたる。記事の見出しからは、このタイミングで被災国政府が「被災地認定」を取り消し、補償の打ち切りに向かっているように見える。「被災地」の範囲が縮小されたとき、そこに住んでいる人々、その地域から避難した人々はどうなるのか。

本章では、いまチェルノブイリの被災地区分がどのように変えられようとしているか、制度改正の状況

を分析する。一方、日本では福島第一原発事故から五年を待たず、避難指示区域の解除が進められてきた。国が制度上「原発事故被災地」と認め、住民・避難者を支援する範囲は、急速に狭められている。チェルノブイリ被災地と比較して、日本の政策をどう評価できるのか、あわせて考えてみたい。

チェルノブイリ「被災地」はどう決められているか

(1) 推定被曝量と土壌汚染を基準に被災地認定

一九九一年に旧ソビエト連邦のロシア、ウクライナ、ベラルーシの三国で成立したチェルノブイリ原発事故被災者保護法(チェルノブイリ法：第1章参照)は同年末のソ連崩壊以降、度重なる改正を経ながら三国で運用が続けられてきた。

この法律は、どんな地域を「チェルノブイリ被災地」と認めるのか、基準を示している。また「被災地」は、「立入り禁止ゾーン」「移住の権利のあるゾーン」など、いくつかのゾーンに分類される。

以下、主にロシアの制度を軸に、チェルノブイリ法の被災地認定基準と被災地分類の仕組みを説明する。ウクライナやベラルーシでも、ほぼ同じ基準に基づき、長年同様の分類が採用されてきた。

ロシアのチェルノブイリ被災地区分は、ロシア版チェルノブイリ法の第七条「放射能汚染地域」(及び第八～一一条)で決められている。汚染地域は被曝量基準と土壌汚染基準の組み合わせによって規定される。

以下のいずれかの基準を満たせば「放射能汚染地域」と認められる。

①チェルノブイリ原発周辺地域、及び一九八六年とその後の年に避難と退去が行なわれた地域

②一九九一年以降、一般住民の実効線量が一ミリシーベルト/年を超える地域

③一九九一年以降、土壌のセシウム137濃度が一キュリー／平方キロメートル（三万七〇〇〇ベクレル／平方メートル）を超える地域

まず①の規定に注目してほしい。「チェルノブイリ原発周辺地域」とあるように、ここでは放射線量や汚染度を問わない。事故が起きた原発から「近い」（主に三〇キロメートル圏）地域は「被災地」と規定し、立入りを制限している。つまり、「距離」も被災地認定の根拠なのだ。当初は、原子炉の再爆発が懸念されていた。いまでも廃炉に向けた準備作業のなかで周辺環境への悪影響がある。「近い」から住めないという政策判断である。

②は、地域の推定被曝量で被災地を決める基準である。原則一ミリシーベルト／年を超える被曝があると推定される地域を、被災地と認める。

表 2-1　土壌汚染度による地域区分

土壌汚染度	居住規定
40 キュリー／km^2 以上 (148 万ベクレル／m^2)	移住義務 居住不可
5 キュリー／km^2 以上 (18 万 5000 ベクレル／m^2)	移住権 居住可
1 キュリー／km^2 以上 (3 万 7000 ベクレル／m^2)	移住権なし 住民支援

ちなみにこの「一ミリシーベルト／年超の追加被曝量」のある地域では「移住の権利」が認められる（「移住の権利ゾーン」）。そして一般住民が「五ミリシーベルト／年超の追加被曝」を受ける地域に住み続けることは、原則として認めない。段階的避難を義務付ける（「義務的移住ゾーン」）。

③は地域の土壌汚染度による認定基準である。土壌汚染度が一キュリー／平方キロメートル（三万七〇〇〇ベクレル／平方メートル）以上であれば「被災地」と認められることになる（**表2-1**参照）。

なお土壌汚染度が高い地域ほど、後述する一～四ゾーンのうち、高いレベルのゾーンに分類される。汚染度が一四八万ベクレル／平方メートルを超え

表 2-2　ロシアのゾーン区分

地域区分	土壌汚染度	追加被曝量	居住・移住・就労の規定
1 疎外ゾーン	チェルノブイリ原発周辺地域，及び 1986 年及び 1987 年に放射性安全基準に従って住民の避難が行なわれた地域		住民の定住は禁止される 企業活動や自然利用が制限される
2 退去対象地域	土壌汚染度 セシウム 137 15 Ci/km² 以上又はストロンチウム 90 で 3 Ci/km² 以上，又はプルトニウム 239，240 で 0.1 Ci/km² 以上	追加被曝量 5 ミリシーベルト／年超又は，40 Ci/km² 以上	強制退去(定住は認められない)を段階的に実施
		追加被曝量 5 ミリシーベルト／年以下，かつ 40 Ci/km² 未満	移住を希望する住民には移住に関わる補償を受ける権利が認められる 住民には健康保護策，補償金など
3 移住権付居住地域	土壌のセシウム 137 濃度 5 Ci/km² 以上 15 Ci/km² まで	追加被曝量 1 ミリシーベルト／年超	移住を希望する住民には移住に関わる補償を受ける権利が認められる 住民には健康保護策，補償金など
		追加被曝量 1 ミリシーベルト／年以下	移住権なし 住民には健康保護策，補償金など
4 特恵的社会経済ステータス付居住地域	セシウム 137 の土壌汚染度 1 Ci/km² 以上 5 Ci/km² まで 追加被曝量 1 ミリシーベルト／年以下		住民に対する放射線被害対策医療措置，住民の生活レベル向上のための環境保全・精神ケアサポートが実施される

＊ Ci＝キュリー(1 キュリー＝370 億ベクレル)

れば居住が制限される。ゾーンレベルが高い地域の住民、当該地域からの避難者には支援や補償も比較的手厚くなる。

このように推定被曝量と土壌汚染度を基準にして、チェルノブイリ被災国は「被災地」として認定するかどうかを判断する。そして一「立入り禁止区域」、二「段階的に移住を義務付ける地域」、三「移住の権利を認める地域」、四「移住権はないが補償の対象となる地域」の四つのゾーンに分類する(表2-2参照)。

(2)「被災地」見直しのルール

なお、一度「被災地」認定を受けた地域でも、除染や時間の経過によって汚染度が低下した場合、より低いゾーンへの引き下げ、被災地認定の取り消しがありうる。

「これらの地域の境界線、および汚染地域にあたる居住地点リストは、放射線状況の変化に応じてまた他の要因を考慮して設定され、ロシア連邦政府によって最低でも五年に一度見直される」。ロシア版チェルノブイリ法第七条はこのように、見直しの規則を定めている。

しかし、法の制定から二五年間近く、ロシアでは大規模な被災地の範囲見直しは行なわれていない。見直しを正当化するための汚染状況調査を定期的に行なうことは、予算・技術的に困難である。また被災地域住民からの反発も根強い。たとえば、汚染度の高い地域が集中するロシア西部ブリャンスク州で、二〇一五年以前にゾーン範囲の見直しが行なわれたのは一九九七年のことだ。それ以降、長い間被災地のレベル引き下げ、縮小などは行なわれなかった。九〇年代末の経済危機以降の不安定な社会情勢のなか、一八年もの間、被災地域の位置づけを保持した。これは地域社会を安定させる大きな要因であった。

ウクライナでも、近年まで大幅な被災地範囲見直しは行なわれなかった。それは、チェルノブイリ法自体に「見直し」を阻む規定があるからだ。

ウクライナのチェルノブイリ法(汚染地域制度法)第二条には「これら(筆者注：一～四の)ゾーン境界は、ウクライナ内閣によって設定、見直しされウクライナ最高議会によって承認される」とある。しかし、その内閣の決定の前提として、「州議会の提案に基づき」見直しが行なわれるという規定がある。

つまり対象となる被災地のある州議会が「見直し」を提案しない限り、政府主導での見直しができない。これはチェルノブイリ法の立法者たちが、被災地域住民の意向を無視して政府が勝手な範囲縮小をしないように盛り込んだ歯止め規定であった。

「法律には、ゾーンの再検討は、州議会がそれを承認したときのみ可能だと書かれています。残念ながらそれを承認した州はまだありません」と、二〇一四年時点でウクライナの行政担当者は語っている(馬場・尾松『原発事故　国家はどう責任を負ったか』)。

この歯止め規定が、「被災地」の範囲を狭め、補償の打ち切りを目指す政府から見れば、障壁であった。しかし二〇一五年から、ウクライナも、ロシアも、大胆に被災地範囲の見直し、被災地住民に支払われる補償金の削減に乗り出している。

ウクライナ――「被災地」は廃止されても住民の権利は守る

長いあいだ被災地範囲の見直しを控えてきたウクライナ。しかし政府は、二〇一四年末から急激に被災地政策を転換した。これまで「被災地」であった地域が、「被災地」と認められなくなり、地域住民への補償金が廃止された。二〇一四年末の法改正(1)により、チェルノブイリ法の「被災地」に関する規定が大きく変えられた結果である。

この改正(改悪)のなかで、最も重要なのは前述のチェルノブイリ法第二条の書き換えであった。もとの版で「州議会の提案に基づき」とされていた規定が削除され、「自然環境保護分野における国家政策の策定と実施を管轄する中央行政機関(筆者注：環境・天然資源省)の提案に基づき」と書き換えられた。「被災地がどこか」決める最終的な発案の権限が、住民代表である地方議会から、中央政府に移された。「ウクライナ最高議会によって承認される」の一文も消された。これは、「被災地」「被災者」の権利をめぐる意思決定システムの大転換である。「地域からの発意の尊重」「国民代表による承認」という理念に逆行するものだ。

改正後の規定に従えば、被災地範囲の見直しは、地域議会の承認がなくとも、政府主導で行なうことができる。

（１）立入り禁止ゾーンを縮小、二〇〇ヘクタールは自然公園に？

「（二〇一六年）四月二六日までに、ピョートル・ポロシェンコ・ウクライナ大統領が『疎外ゾーン』に国立自然公園を設立する案を支持し、大統領令に署名することを期待します」と、ウクライナ環境・天然資源省のアンナ・ブロンスカヤ副大臣は述べた（二〇一六年三月一日付 unian.net）。

「疎外ゾーン」とは、被災地区分のなかでいえば、「原発三〇キロメートル圏等」の第一ゾーンである。ここに、国立自然公園をつくろうと環境・天然資源省は提案している。

この第一ゾーンからは事故直後に住民の強制避難が行なわれた。現行のチェルノブイリ法では、居住は禁止、出入りも厳しく管理され、通常の経済活動を行なうことも禁じられている。

環境省が提示する計画に従えば、一〇キロメートル圏は今のまま立入り制限区域として残る。この一〇キロメートル圏では爆発した原発四号炉を覆う新シェルター建設や、廃炉に向けた作業が行なわれる。「自然公園」はこの一〇キロメートル圏より外（およそ二〇〇ヘクタール）につくられる予定だ。自然環境の国際研究のため、立入り制限を緩和する計画だ。

報道では冒頭で触れたように「避難区域を三〇キロメートル圏から一〇キロメートル圏に縮小」とも伝えられる。立入り禁止を解除して、人々の帰還を進めるのではないかとの憶測も生じる。しかし、そう簡単にはいかない。法律がそれを許さないのだ。

二〇一六年四月のチェルノブイリ原発事故三〇年に先立ち、日本の新聞では、チェルノブイリ特集で「事故三〇年を経て、避難者の帰還意欲が低下」と指摘するものもあった。たとえば二月二一日付『読売新聞』は「避難三〇年　冷める帰還意欲」と題した記事で「政府は、区域自体も将来、縮小する可能性を示唆するが、避難民はもはや帰還への『意味』を見いだせない」と伝えている。しかし帰還が進まないのは時間が経って意欲が下がったためではない。廃炉に向けた作業の続く原発、そして使用済み燃料保管庫の周辺に住民を定住させて良いのか、国の政策判断、責任が問われている。

チェルノブイリ三〇キロメートルゾーン内にはすでに線量の低い地域もあるが、汚染度の極めて高いホットスポットも残る。またゾーン内で、ウクライナ中の原子力発電所から使用済み燃料を受け入れている。ウクライナ電力省は、原発一〇キロメートル圏を放射性廃棄物や使用済み燃料保管のための区域として利用する意向を示している。これらの施設に不測の事態が生じると、影響は周辺地域に広がる。三〇キロメートル圏を一〇キロメートル圏に縮小しても、すぐに住民の帰還を進める状況にはない。

またチェルノブイリ法は、立入り禁止や居住制限が解かれたとしても、住民の帰還が強いられることはないよう規定を設けている。ウクライナのチェルノブイリ法第五条が次のように定めている。

「住民の帰還は、対象地域の汚染度が本法第三条第一項（筆者注：追加被曝量一ミリシーベルト／年以下という条件）に照らし合わせて、制限なく安全に居住できるとみなされるレベルまで下がったのちに、住民自身が望む場合にのみ実施される。住民の帰還に関する決定は、国家放射線防護委員会の結論を参考にウクライナ内閣によって採択される」（傍点筆者）

これも、チェルノブイリ法の立法者たちが盛り込んでおいた歯止めである。時が経ち、政権が変わって規制が解かれた場合にも、住民に汚染地域への帰還が強いられないよう、法律は政府を縛っている。

（２）「第四ゾーン」はなくなるが、住民の権利は復元

前述の二〇一四年末の法改正では、ウクライナのゾーン分類が大きく変わった。

被災地分類の中で最も汚染度が低いとされる「第四ゾーン」の住民に対する優遇策や補償を廃止したのだ（チェルノブイリ法第二三条の削除）。これにより、補償や支援を受ける対象として第四ゾーンは存在しないものとなった。

この法改正を受けてウクライナ各地で、「認定被災者数」が激減した。たとえばチェルノブイリ同盟ハリコフ支部は「『被災者』が約六万人減少した」と報じている。

しかし、地域に長年住んできた人々が受けた被曝や追加リスクはどこかに消えたわけではない。

被災者たちはただ黙って「減らされ」はしなかった。二〇一五年六月一〇日に、政府庁舎前で補償取り消しに反対する集会が行なわれた。被災者団体「チェルノブイリ同盟」と、同様に補償を削減された功労軍人団体が共同で組織し、ウクライナ各地から多くの被災者が参加した。

この「チェルノブイリ同盟」副代表のヤツェンコ氏は、チェルノブイリ法の策定に参加した立法者の一人である（第１章参照）。ヤツェンコ氏は言う。「私たちがチェルノブイリ法に盛り込んだ最も重要な規定は、原発事故の結果、被害を受けた市民の保護に国が責任を持つということです。被災者保護で、国が実施しなければいけない指標も定めています。二〇一四年一二月二八〜二九日にかけてウクライナ議会が採択したこと（筆者注：補償の廃止）は、ウクライナ憲法とチェルノブイリ法の乱暴な違反です」（二〇一五年一二月一

一日「野党ブロック」公式サイト）

同年一二月に「チェルノブイリ同盟」は、社会保障の削減に反対する「野党ブロック」の議員五〇名と共同で「補償の打ち切りは憲法違反である」と、憲法裁判所に訴えた。

このような動きを受けてウクライナ議会は「取り消された被災地（第四ゾーン）」の住民の権利を守るため、補償規定の復元について議論を始めた。その結果、二〇一六年三月一七日には、住民の権利を復元する再改正が成立した（「ウクライナ法『チェルノブイリ大災害により被災した市民の法的地位と社会的保護について』への被災者の社会的保護に関する修正」）。第四ゾーンに暮らしてきた住民への保養の支援、汚染されていない食品を購入するための補助などの項目が復活した。その後ウクライナ大統領がこの再改正に反対するなど、議論は続く。

しかし被災地域範囲の見直しにより、これまで被災者であった人が、ある日突然、「被災者でなくなる」というのは、法に定められた被災者の権利に矛盾する。地域のステータスを変えたとしても、人のステータスを簡単に変えることはできない。再改正の議論が力をもったのは、チェルノブイリ法が「地域の位置づけ」だけでなく、被災した「人の権利」を定めていたからだ。

ロシアで進む地域見直しと、抗う被災者の権利

ロシアでも、チェルノブイリ原発事故三〇年を前にして、被災地の位置づけに大きな変更が加えられた。多くの地域で、その位置づけが第二ゾーンから第三ゾーンへ、また第三ゾーンから第四ゾーンへと引き下げられた。

二〇一五年一〇月の政府決議（一〇月八日付ロシア連邦政府決定第一〇七四号）は、汚染地域と認められる居住地点リストの新版を示した。この居住地点リストには、どの村、どの集落が第一～四のどのゾーンに分類されるかが示されている。決議文には「一九八六～二〇一四年の防護策や地域でのリハビリ策の効果も含め、放射線状況の変化を考慮」した見直しであると述べられている。[2]

ロシア・ブリャンスク州では三〇〇以上の居住地点が見直しの対象となったと報じられている。当該地域の住民にとって、補償金額の減少や、社会保障上の特典の廃止につながる。

住民を特に憤慨させたのが、この「被災地」見直しの進め方であった。当初ブリャンスク州当局は、何度も「主要市町村の位置づけを変えることはない。人の住んでいない地域の汚染地域認定を外すだけ」と約束していた。しかし、政府が定めたリストでは、主要市町村の多くで認定レベルが引き下げられた。

また、住民は「防護策や地域でのリハビリ策の効果も含め、放射線状況が変化」したとする政府の説明にも納得していない。「言葉は悪いですが、汚染状況を示す数字が恣意的に調整されています」と市民団体「チェルノブイリ同盟」ブリャンスク州南西地域支部の事務局長マクシム・シェフツォフ氏は言う（二〇一五年一〇月一五日ブリャンスク・ノーボスチ）。

見直しにより第二ゾーンから第三ゾーンに引き下げられたノボズィプコフ市とその周辺地域では、約一カ月半で、住民一万六〇〇〇人分の反対署名が集まった。同市の人口が約四万二〇〇〇人であることを考えると、短期間にかなり多くの署名が集まったといえる。被災者のあいだで自分たちには被災者として「法的権利がある」という意識が共有されている。その法的権利を消そうとする動きには、住民自身が敏感に反応するのだ。

事故後，住民の移住により無人となったロシア・ノボズィプコフ市の農村．

州知事に宛てた陳情書で、住民たちは「この見直しは、チェルノブイリ法第四六条違反」であると批判する。政府がゾーン見直しの根拠とした汚染状況測定データなどは住民に公開されていない。第四六条は「チェルノブイリ大災害に関する情報に対する市民と市民団体の権利」を定めたものである。

「ロシア連邦の市民と社会団体には、チェルノブイリ原発事故問題、居住（勤務）地域の放射能汚染レベル、食品や資産の汚染度、およびその他の放射線安全制度に関する遵守条件や要求事項について、十分かつ正確な情報を適時に与えられることが保証される。これらの情報は、ロシア連邦政府の委任を受けた機関（組織）によって提供される。当該機関（組織）の公職員は、チェルノブイリ原発事故に関係する情報の意図的な歪曲または隠ぺいに対して、ロシア連邦の法律に則して責任を問われる」（傍点筆者）

これはソ連時代の情報隠ぺいの反省に基づき、市民の知る権利を保障する規定だ。

被災地住民が団結して、ゾーン見直しの撤回を求め裁判所に訴える動きもある。政府決議を受けてすぐ、「我々は測定をやり直し、裁判を通じて闘います」と「チェルノブイリ同盟」ロシア・ブリャンスク州支部のカルニュシン代表は表明した。そして、同支部は五三地域の住民を代表して「補償復元」を求める裁判を起こした。

これまでも、一九九七年に被災地見直しが行なわれた際に、ブリャンスク州の住民たちは訴訟を起こした。その結果、二一居住地点が元通りの被災地認定を取り戻している。「被災地」認定を取り消されてなお、住民が裁判で闘えるのは、被災地住民の権利を定めた法律があるからだ。

なお二〇一六年三月三〇日に最高裁判所は、「補償復元」を求める住民の訴えを退けた。しかし「まだ闘いの一歩に過ぎない」と、シェフツォフ事務局長は言う。憲法裁判所や欧州人権裁判所に訴えることも検討するという。

何が「人」を守るのか

事故三〇年を前にしてチェルノブイリ被災国の政府は、被災地域の位置づけを大きく変えた。政府は補償削減を意図しており、被災者切り捨ての面は否定できない。広範囲に広がる汚染地域に、広く薄く補償金を払い続けてきた政府にとって、補償対象地域の範囲縮小は悲願であった。

被災国の政府は、原発事故被害対策や補償の幕引きを図るために、遅かれ早かれ、「被災地域はもう存在しない(こんなに狭くなった)」という評価を定着させようとする。そのためには法改正や、被災地域認定の取り消しなどの政策を通じ、「被災地」と認められる地域の範囲を縮小することが、最もわかりやすい。ウクライナもロシアも原発事故から三〇年を前に、このような「被災地縮小」の方向に動き出している。

制度上の「被災地」がなくなったとしても、「被害があったこと」「この地域で人々が苦しみ、闘ってきた」という事実はどこにも消えない。そのときに、「被災地」と一緒に「被災者」も消されてしまうのか。

苦しんできた「人」の権利は守られるのか。それはその国の法律がどのように「被災者の権利」を定めているかによる。

法改正のプロセスや、住民からの抵抗運動を見ると、汚染地域の見直しが、即、住民の権利取り消しにはつながっていない。チェルノブイリ法が定めた「(事故の影響について)知る権利」「帰還を強制されない権利」「被災者としてのステータス」などの規定があるからだ。「人の権利」を定めた条文が歯止めとなり、なし崩しの打ち切りを阻んでいるのだ。極端な「政策転換」「補償打ち切り」から被災者を守るため、立法者たちが盛り込んだ工夫は、生き続けている。

＊＊＊

日本では福島第一原発事故後、五年をまたず避難指示区域の解除が進められてきた。二〇ミリシーベルト／年を下回る場合には、住民帰還の準備を整え避難指示を解除していく方針だ。二〇一六年三月末時点でも、すでに田村市都路《みやこじ》地区(二〇一四年四月)、川内村東部(二〇一四年一〇月)、楢葉《ならは》町(二〇一五年九月)と避難指示が解除されている。その後二〇一七年三月〜四月には一部の帰還困難と認められる地域をのぞき、広い地域で避難指示が解除された。

避難指示が解除されると、一定期間経過後、避難者として受けていた支援、賠償が打ち切られる。避難指示が解除された地域からの避難者は、自己責任で避難先での生活を続けるか、避難元に帰るか、二者択一を強いられている。そして、賠償打ち切りまでの期限をきられている。

日本の現在の法制度では、誰が「原発事故被災者」として国に補償を求める権利を持つのか、明確に定めた法律がない。国が決めた「被災地範囲」が縮小され、取り消されれば、そこに住んでいた人々、そこからの避難者も「原発事故被災者」としての位置づけを失う。チェルノブイリ法のような「帰還を強制されない権利」「地域の汚染状況について情報開示を求める権利」も、法律に明示されていない。

これらの権利が法律で保障されているか否かは、被災者にとって大きな違いである。自らの権利を確信し、司法に訴えるロシアの住民や、議会での審議を通じて権利を復元させたウクライナの住民の行動からも、そのことが分かる。見えてくるのは、日本の「被災地縮小」政策のテンポの異様な早さ。そして住民や避難者が、権利を求めて抗う際の拠りどころとなる法的基盤の、異様な脆弱さである。

注

（1）二〇一四年一二月二八日付ウクライナ法「ウクライナにおけるいくつかの法規の修正と失効について」N76-Ⅷ

（2）「居住地点」とはソ連時代からの地域区分制度の最小単位。市町村のような、行政機関を有する「居住地点」もあるが、数世帯のみの集落が一「居住地点」と認められることもある。複数の住民が定住していることが条件。

第3章　事故収束作業員たちは、いま

称えられる収束作業

「あなたたちだけが、どんな惨事が起こったのか理解していました。危険を覚悟で、自らの健康、命すら投げ出して、被害の拡大をくいとめたのです」

レニングラード州知事ドロズデンコ氏が感謝の辞を述べる。

感謝の言葉をささげられたのは、壇上に並ぶ、軍服に勲章をさげた男たち。みなもう若くない。チェルノブイリ・リクビダートル（ロシア語で事故処理作業者の意味）だ。

二〇一六年四月二六日、ロシア北西部ソスノブィ・ボール市の中央広場でチェルノブイリ原発事故三〇周年式典が行なわれた。同市はサンクトペテルブルク市から直線約七〇キロメートル、レニングラード原発のお膝元に位置する。

広場の中央には追悼記念碑。記念碑を取り囲むのは、レニングラード州全域から集まった収束作業員とその遺族たちだ。

チェルノブイリ収束作業員は、対ナチスドイツ戦で祖国を守った「功労軍人」と同列におかれる。

壇上に立つアレクサンドルは、いくつもの勲章をさげ、重々しい雰囲気を身にまとっていた。ユーモア交じりに話す、いつもの「サーシャおじさん」ではない。ここでは、収束作業員団体「チェルノブイリ同盟」の支部長なのだ。

式典が終わると、参列者たちは押し寄せるように記念碑を囲み、花をささげる。

「ああ、来てたのか!」

壇上から降りたアレクサンドルには近寄ることすら難しい。何年ぶりかの「戦友」たちとの再会で、絶え間ない抱擁にもみくちゃにされる。

ロシアの男たちは、やっと会えた友を抱きしめ、持ち上げ、つぶさんばかりに手を握る。競って、自分にまだ力がみなぎっていることを証明するように。

アレクサンドル・ベリキン　収束作業員・法律家

この式典に筆者を招いてくれたのは、アレクサンドル・ヤコブレビチ・ベリキン氏。

レニングラード原発の城下町であるこのソスノブィ・ボール市は安全保障上の要所で、外国人が簡単に入れるところではない。「福島第一原発事故の起きた日本から友人が来る」とレニングラード州行政府と直談判し、通行証を手配してくれた。

アレクサンドルは、チェルノブイリ原発事故が起きた一九八六年の九月に現場に招集され、三カ月余り放射線探査隊長として原発周辺の放射線状況を調査した。誰よりも先に高線量地域に足を踏み入れ、要注意スポットを割り出すという最も危険度の高い仕事だ。

アレクサンドル自身は被曝と極度の過労から体調を崩し、一九八六年一二月には前線を離脱する。その後、自身が受けた健康被害や、命を落とした仲間たち、その遺族たちの補償を求めて被災者団体「チェルノブイリ同盟」の立ち上げに参加する。

もともと化学が専門であったが、収束作業後に法律を学び、収束作業員の権利を定めたチェルノブイリ法の策定に参画した。

ソスノヴィ・ボール市の中央広場で行なわれた原発事故30周年式典. 中央に建っているのが追悼記念碑.

自ら被災者保護法の仕組みを理解する、数少ないリクビダートルの一人だ。二〇一一年に筆者がロシアを訪問したときに、詳しくチェルノブイリ法を解説してくれた。

その後、アレクサンドルは二〇一二年と二〇一五年に訪日し、チェルノブイリ法について講演を行なっている。いくつかの講演会では、筆者が通訳を務めさせてもらった。彼の通訳をするたび、「被曝リスク補償」「保証された自主的避難」「被曝途中(まだ基準値を超えていないがリスクが認められる被曝)」等々、日本語にない言葉に衝撃を受ける。

四月二六日の式典に先立つ数日間、私はアレクサンドルとその「戦友たち」と過ごした。

二〇一一年に出会って以来、彼が繰り返し話していたことがある。

アレクサンドル氏と女性リクビダートルのリュドミラ氏.

「リョウ。君も含め日本ではいま、避難者や住民のことで皆頭がいっぱいのようだが、遅かれ早かれ収束作業員の補償問題を議論する時がくるぞ」

「国は善意で補償するんじゃない。際限なく訴訟やストライキが乱発、長期化すれば、国は耐えられない。法律で被災者の権利を定め、ルールに基づいて補償するほうが国にとっても最終的に安くつく。このことをわからせないといけない」

二〇一五年一〇月、福島第一原発の作業に従事した労働者が、白血病の労災認定を受けた。

白血病以外の病気だったらどうなるのか。勤務記録が残っていなかったら、どうやって補償を求めるのか。多くの問題が手つかずのままである。

各地で国を相手取った訴訟も起きている。

アレクサンドルの予想はあたりつつある。

戦友たちと

式典二日前の四月二四日。作業員仲間たちが、ペトロパブロフスク要塞に集まった。

この要塞は、河に面した風光明媚な立地も手伝い、今ではペテルブルク市有数の観光名所だ。帝政時代には政治犯が収容された場所で、シベリア送りになる前にドストエフスキーもこの要塞に拘束された。

リクビダートルたちは、今年もまた会えたことを喜び、そして亡くなった仲間たちを追悼するために、セレモニー用の大砲を「打ち上げる」。

車で会場に送ってくれたのは、放射線探査隊時代のアレクサンドルの部下セルゲイ氏だ。孫のデニス君（五歳）と一緒にこの「戦友会」に参加した。

「そりゃ皆に会えるのはうれしい。私は当時二四歳で一番の下っ端。サーシャ（アレクサンドル）も含めて兄貴みたいな存在だよ」。セルゲイは言う。

「でも、去年来ていた仲間たちの何人かはもういない。四月七日にも葬儀があった」

リクビダートルの総数は公式には六〇万人以上といわれる。

そのうち約二五〇〇人がレニングラード州から派遣された。レニングラード原発や原子力研究所の職員を中心に、技術者たちがかりだされたのだ。

リクビダートルの団体はロシア各地にあり、毎年四月二六日にはそれぞれの地域で記念式典が行なわれている。

レニングラード州のリクビダートルには、医師やエンジニアなど、教育水準の高いインテリが多い。ソ連時代の最高度の教育を受けた花形技術者が収束作業に投じられ、健康を損なったり命を失ったりした。それほどの事故だったのだ。

待ち合わせ場所には、徐々に仲間たちが集まってくる。

砲弾の筒で乾杯する戦友会.

ロシア人は日本人から見れば時間にルーズだ。いつになったら全員集まるのか、これから何時にどこに行くのか、しっかりとしたプランがない。

ゆっくりとした歩調で一人、また一人とあらわれる旧友たちは、抱き合い、とめどなく近況や共通の知人の話を続ける。もうどこにも急がなくていいのだ。かつて、高線量化で作業の数秒の遅延が命取りになった。当時危険スポットを駆け抜けた彼らの足取りは、ゆったりしている。杖をついて歩く者もいる。

「耳に詰めて、口を開けて」とアレクサンドルの妻エレーナさんが綿を手渡してくれる。大砲の音や気圧で耳がおかしくなることがあるという。

「ごらんよ、この大砲一本でうろたえてこのざまだ。戦場では、こんな大砲が何百とひっきりなしにうなるんだよ。私は、従軍した父の話から想像できるだけだ。今の若者たちに、収束作業なんて理解できっこない。同じことだよ」。アレクサンドルは言う。

砲弾を包んでいた筒は、記念に参加者に贈られる。

「要塞」を出た私たちは、公園のベンチに陣取り、この打ったばかりの砲弾の筒をボトルにコニャックを回し飲みした。

みな朗らかで、満足げな顔をしている。「ブラトストボ〈兄弟〉だよみんな」とアレクサンドルも笑う。命がけで一緒に国を守ったという意識が、三〇年後も彼らをつなげる。

福島第一原発で作業に従事し、確実に私たちを守ってくれている作業員の方々は、三〇年後こんなふうに集まってお酒を飲めるのだろうか。こんなふうに笑い、誇りをかみしめるだろうか。

リクビダートルが勝ち取った「功労軍人」としての地位

「それは野蛮だ！　まさか日本でそんな！」

アレクサンドルの「戦友」の一人パーベルは驚きを込めて言う。

「リョウ、フクシマのリクビダートルたちは補償金をもらっているんだろう？　サナトリウムへの旅行へは行けているのかい？」とパーベルは聞く。

「残念ですが、日本にチェルノブイリ法のような法律がない。白血病のようなはっきりした病気にならない限り労災認定も受けることはできないんです」

「野蛮だ！」という言葉が耳に痛く響いた。

「彼らは招集されたのかい？」

「いや、会社との契約で働いています」

「じゃあ志願兵みたいなものか？」

「そういうのでもなくて、下請け企業の従業員だったり、契約労働者だったりするんです」

なかなか日本の仕組みがわかってもらえない。考えてみるとなぜ「補償の約束」や「従軍義務」もなく一般の民間人が収束作業に従事できるのか、兵士として招集され「英雄」として補償される彼らからは理解できないのだ。

リクビダートルたちも、当初は十分な補償なしに、打ち棄てられていた。しかし彼らには、「命を捨てて国を守った」という意識があった。一九八八年には収束作業員の権利を求める市民団体「チェルノブイリ同盟」を立ち上げる。ソビエトは労働者の国という国是であったはず。軍人をはじめソビエト社会に貢献した市民は、尊敬され、優遇されてきた。命を投げ出して国を救った功績を認めるよう、リクビダートルたちは自ら声を上げた。

ウクライナ・ハリコフでの「チェルノブイリ同盟」発足を皮切りに、ロシア、ベラルーシの各地でそれぞれの「同盟」が設立された。一九九〇年にはソ連全国規模の「チェルノブイリ同盟」ができる。八九年にソ連初の民選の議会選挙が行なわれた際には、リクビダートルの中からも候補者を立て、代表者を議会に送り込んだ。

アレクサンドルも「チェルノブイリ同盟」の法律専門家として、チェルノブイリ法の草案作りに参加した。そしてリクビダートルの権利が法律に書き込まれた。

このとき彼らがこだわったのが、「第二次世界大戦功労軍人(ベテラン)」と同等のステータスである。この法律によって、リクビダートルたちは「国を守った英雄」としての地位を勝ち取った。

「リクビダートル」と認定されるのは、一九八六〜九〇年に原発周辺三〇キロメートル圏内やいくつかのホットスポットで勤務した作業員。原子炉の火災を止めた消防員や、原子炉を覆うシェルターを作った建設者など。それ以外でも、医療スタッフや看護師、運転手、ゾーン内の食堂を切り盛りした調理人など様々な職種が含まれる。

そのなかでも、事故初期の線量が高い時期の作業員は「初期リクビダートル」として、手厚い補償を受ける。八六年九月から勤務したアレクサンドルも「初期リクビダートル」の一人である。

収束作業参加後、病気になった人は多い。白血病や固形がん以外でも、胃炎や関節症、心臓病、血管症など、様々な病気が補償される。ロシアではもともと医療保険により治療は無料である。チェルノブイリ法は、リクビダートルに、薬品の無料支給、サナトリウム保養の無料化を認めてきた。高度医療施設での検診、治療などの優遇措置もある。交通料金の減免や住宅供給など、生活上の優遇も受けている。

また目に見える疾患がなかったとしても、補償の対象になる。通常の基準をはるかに上回る高い被曝を強いられた「リスク」に対しての補償だ。これは月額補償金や年金の上乗せなどの形で支払われる。

健康被害と収束作業の因果関係を、「線量」で証明することは求められない。そもそも被曝データが正確に記録されていないため、線量による証明など不可能だ。特に否定する理由がなければ「原発事故による被害」と認められる。

しかし、二〇〇〇年以降は補償の削減や、法律の改悪も目立つ。無料で支給されていた薬品や保養のための旅行券が、現金支給になった。インフレでその価値も目減りしてしまった。「収束作業との関連」を積極的に認める疾病のリストも、保健省令で狭められてしまった。

「リョウ、悪いが君が帰る日、空港へは送っていけないよ。裁判所に行かないといけないんだ」

友人のリクビダートルが障害者手帳を没収されたという。一度障害認定を受けたはずが、認定指針の見直しで「もう障害者ではない」とみなされたのだ。

アレクサンドルと歩いていると、ひっきりなしに法律相談の電話が鳴る。友人の「傷痍軍人」としての地位を取り戻すために、法律家としての仕事がまた始まる。

ポームニ

「ポームニ（記憶せよ）」

サンクトペテルブルク市北部に位置するサハロフ記念公園。公園の一角に立つ記念碑に記されている。

サハロフ記念公園碑.

記念碑のデザインは原子炉の断片を表現しており、記念碑に刻まれた亀裂は引き裂かれた運命の象徴である。**ПОМНИ**（ポームニ）という単語の二文字目の**О**には、原子核を表現する球形の石がはめ込まれている。

この記念碑の前でも、毎年、四月二六日にペテルブルク市内のリクビダートルたちが集まり、追悼記念集会を行なっている。

記念碑完成までには相当の苦労もあった。

記念碑建設は「チェルノブイリ同盟」が一九九九年一月の時点で提案し、チェルノブイリ一五周年（二〇〇一年）までの完成を目指した。しかし間に合わず、完成したのは最初の提案から四年後の二〇〇三年。

資金難のため実現が遅れたのだ。

それでもリクビダートルたちはあきらめず、記念碑のデザイン公募と建設資金集めに奔走した。仲間からも募金を集めた。九〇年代末の経済危機後、補償金も減らされ、生活も厳しい状況だった。それでも、多くのリクビダートルが惜しみなく協力した。

この記念碑は原子力被害者を永遠に記憶する（ウベコベチバニエ）ことを目的に建てられた。追悼の対象は、ウラル事故（一九五七年）やセミパラチンスク核実験など、ロシアにおける原子力被害すべてである。

「チェルノブイリだけを追悼するつもりはない」とアレクサンドルは言う。サハロフ公園の反対側にはヒロシマ・ナガサキの原爆投下に対する追悼記念碑「平和の鐘」が立っている。

毎年、一人、また一人と仲間たちは去っていく。若い世代にとってチェルノブイリは過去のものとなり、だれがどう被害拡大を止めたのか、忘れ去られていく。「風化対策」という語感とは少し違う。「私たちを永久に記憶せよ」というリクビダートルたちからの要請である。

「収束作業」は女の顔をしていない

四月二六日の記念式典では、英雄たちの追悼の言葉、要人たちの感謝の辞が続いた。そのなかで、ひときわ心を打った挨拶があった。

収束作業員の未亡人を代表して壇上に立った、一人の女性の言葉だ。収束作業から帰った夫が年々体調を悪くしていくのを、どんな気持ちで見守ったのか。素朴な言葉で一つ一つ語られた。

病院から帰ってくるたびに、心配で「どうだったの？」と聞きます。

「大丈夫、問題ないって」

その言葉は、彼の「生きたい」という願いの証でした。でもそれを聞くと、一緒にいられる時間はもう長くない、とわかったのです。


エレーナ夫人は帰りのマイクロバスのなかで、アレクサンドルが招集された夜のことを話してくれた。

帰ってきた夫は、軍服を着ていて、何か、いつもと違うことが起こったのだとわかりました。四歳の娘は、不思議にも思わずいつものようにパパに駆け寄って、小さな指でしがみつきます。娘には話しませんでした。何も知らず眠ったんです。次の休日、いつものようにパパと出かけるのを楽しみにして。


チェルノブイリ収束作業の歴史は、男たちの英雄物語として語られる。男らしい英雄であることを要請されるリクビダートルたち。家族が受けた被害や、家族の苦悩、子どもに受け継がれたかもしれない影響についても、そうは簡単に話してはくれない。

でも、これは本当に戦場に向かった男たちの話なのか。英雄譚からこぼれ落ちるいくつもの物語があるのではないか。

「リクビダートルのなかには、女性だって多かったでしょう。でも本を読むと男の偉業の話ばかりじゃないですか。女性リクビダートルに焦点をあてた本とかドキュメンタリーは作られているんですか？」アレクサンドルに聞いてみた。

「彼女たちもちゃんと功績は認められている。でも全体から見れば女性はごくわずかだし、看護師などの補助的な役割だからね。主には男の仕事だった」

本当にそうなのだろうか。数の割合ではなく、彼女たちはどんなふうに派遣され、収束作業後の人生をどう生きてきたのか、これはチェルノブイリの悲劇を理解するうえで欠かせないページなのではないか。

戦争は女の顔をしていない（アレクシエーヴィチ）。

収束作業も、おそらく女の顔、そして子どもの顔をしていない。

身をもってチェルノブイリを経験した収束作業員は、ノーベル文学賞作家にも手厳しい。

「チェルノブイリのことを書いたといったって、被災地住民の話ばかりじゃないか。リクビダートルの妻の話はあるけれど、お涙ちょうだいじゃ何も解決しない。誰かが行かなきゃならなかったんだ」

「功労軍人」の十字架

アレクサンドルやその戦友たちと行動をともにしてみて、あらためて気づくことがある。

偵察、突撃、戦死、戦友……彼らの語彙は、「戦争」に満ちている。

彼らは爆発した原子炉を覆う「石棺」の建設が完了した一一月三〇日を「勝利の日」として記念するという。チェルノブイリ原発の周辺で行なわれた作業は、客観的に見れば「消火活動」と「がれきの撤去」「コンクリート建造物の建設」などである。これを「英雄的戦闘」と理解させるには、一つ一つを戦場の言葉に置き換える必要があった。そうでないと、自分たちが「敵」から祖国を守ったことを証明し、英雄として記憶させることができない。

アレクサンドルが行なった放射線状況調査には、「放射線計測」ではなくロシア語で「諜報」を意味する「ラズベトカ」の名前が付された。屋根によじ登り、スコップでがれきを撤去する作業は「突撃」。消火作業中のヘリコプターが墜落し、運転士が亡くなった時にもそれは「戦死」と呼ばれた。直接被曝の影響による死ではない。それでもこの運転士をはじめ、作業中の死者たちは「戦死者」と認められ、その遺族は補償を受けている。

事故後の福島第一原発での作業中に亡くなった方々に対して「放射線のせいではない」「熱中症によるもの(だから放射線と関係ない)」などのコメントが目立つ。チェルノブイリのリクビダートルからすれば、「直接被曝の影響」によるかどうかは関係ない。国民のリスクを除去するために危険な条件の下で作業し死亡した人々がいる。それは、放射線症や白血病による死者でなくとも、「収束作業死＝戦死」なのだ。

リクビダートルたちは、「功労軍人」としてのステータスを認めさせることで、社会的な尊敬と比較的手厚い補償を勝ち取った。

福島第一原発で作業に従事する方々が置かれた立場と比較すると、雲泥の差だ。

「そんな野蛮な！　まさか日本で」

「開かれた勤勉な国」というイメージを持っていた日本で、収束作業員がその功績に見合った補償を受けていない。そのことにロシアのリクビダートルたちは驚きと怒りをあらわにする。

「フクシマのリクビダートル」たちが被ったリスクに対してどのような補償が必要か、広く社会的に議論すべき時期はとっくにきている。それは作業従事当事者だけの問題でない。原子力事故に際して、国民全体への被害拡散を防ぐためにリスクを引き受けている人々がいる。その人々を、どう位置づけるのか。社会のあり方が問われている。その議論において、チェルノブイリ法は参考資料の一つになるだろう。

でも「功労軍人」となって、彼らが失ったものもあるのではないか。

原子力発電所の事故により、運命を狂わされたリクビダートルたち。彼らですら、国の原子力政策に対しては、ものがいいにくいようだ。リクビダートルのなかにも原子力業界の関係者は多い。また「功労軍人」である彼らが、国力の源泉である「核」の批判はしにくい。

四月二六日の式典の来賓として、レニングラード原発所長の姿があった。式典会場の広場に立つ記念碑は、国営原子力企業「ロスアトム」の資金援助で建てられたと聞く。

リクビダートルは地域の学校に呼ばれて、子どもたちに自分の偉業を語る。「パトリオット教育」の一環で、「有事においては身を捨てて祖国を守る覚悟」を伝えるのだという。

それでよいのか？　もう一度原発事故が起きた時にそなえ、「自分たちのように命を投げ出せ」と子どもたちに教えるのか。

もう二度と原発事故が起きない、もう二度と自分たちのような「特攻兵」を必要としない国を作ることこそ、彼らの仕事なのではないのか。

核武装国の「功労軍人」であることが、彼らにいくつかの沈黙を強いている。

「大丈夫かい。飛行機には間に合うか？」

アレクサンドルは、ホテルから空港までのタクシーも手配してくれた。移動中の車のなかで、彼からの電話だった。

「日本に戻ったら、無事ついたことだけメールくれよ」

友人たちの裁判で忙しいなか、最後まで気遣ってくれる。ロシア人はもてなし好き、というよりも、一度一緒に仕事をした人間を家族の一員のように思ってくれる。

「リョウ、『二〇ミリシーベルト基準は高い』といっていても、このままじゃ日本で『法律』はできないよ。高いか低いかは評価の問題だ。重要なのは事故以前に日本がどんな基準を定めていたかだ。その基準に照らし合わせれば『許されないこと』の範囲はおのずと見えてくる。『高いか低いか』、法が判断を下すだろう」

リクビダートルたちの言葉は重い。

計測すら不可能な量の放射線を受け、人生を狂わされた、その体験を三〇年かけて言葉にしてきた人々。見捨てられた仲間たちの無念を晴らすため、願いを言葉に紡ぎ、法律に書き込んだ人々。

彼らは、福島第一原発事故後の日本を気にかけ、自分たちの経験に照らし合わせ、時にぞっとするほど的確な言葉で言い当てる。

私たちが、その言葉を直接聞ける時間はあとどれくらいあるのか。来年の四月二六日、今回集まった何人かは、式典の場にいないだろう。私たちが学べる時間は、それほど長くない。

第４章　原発事故を知らない子どもたち

教育現場で何を継承するか

「キノコは気をつけなきゃいけないから、こっち」

「ニンジンはどうする。『汚染されてるかもしれない』かな？」

子どもたちが「食べ物」の絵をより分けて、ボードにはる。

ボードの右側には「気をつける食べ物（放射能汚染されているかもしれない）」、左側には「気をつけなくてもよい食べ物（汚染されていないと考えていい）」と二つのグループに分ける。

「キイチゴは『気をつける』ほうでしょ」

子どもたちは、キャッキャと笑いながら、この分類クイズに取り組む。

これは低学年向けの「放射線防護」の授業。ロシア西部のノボズィプコフ市で、市民団体「ラジミチ・チェルノブイリの子どもたちへ（略称：ラジミチ）」が行なっている。「ラジミチ」という名前は、昔この地域に住んでいた民族から取られた。「ラジ」という音が、ロシア語の「ラジアツィア（放射能）」に重なり、この市民団体の「放射能から子どもたちを守る」活動の象徴となっている。この授業は「ラジミチ」が考案し、地域の学校でも取り入れられている。

この日も、地域の学校から子どもたちが集まった。

「どうしてこのビンのミルクは『気をつける』で、こっちのパックのミルクは『気をつけないでいい』なの?」

進行役の先生が、答え合わせをする。

「だって、ビンはふたが開いてるから、放射能が入っちゃうでしょ。パックはふたが閉まってるから大丈夫」と一人の生徒が答える。

これは不正解。もちろん、「パックのミルク」も中身は汚染されている可能性がある。ちゃんと測定されているか「気をつけ」なければならない。

「えー、なんでぇ?」

でも子どもたちは、なんというか楽しそうだ。

市民団体「ラジミチ」による放射線防護の授業.

「チェルノブイリ」を知らない子どもたち

筆者がこの授業を見学したのは、二〇一六年の四月二〇日。一九八六年四月二六日に起きたチェルノブイリ原発事故から、三〇年が経とうとしていた。

ノボズィプコフ市はロシアの西の外れ、ベラルーシとの国境付近に位置する。チェルノブイリ原発から北東に二〇〇キロメートルほど離れている。

事故直後の数日の間に放射性物質が風で運ばれ、集中的に雨が降ったことで汚染された。一九九一年にチェルノブイリ法ができると、汚染レベルで「第二ゾーン」となった。なお二〇一五年一〇月の政府決定で、「第三ゾーン」に引き下げられたが、その決定の取り消しを求める住民の訴訟が続いている(第2章参照)。

ノボズィプコフ市は、「移住する権利」も住み続ける権利も法律で認められた「移住権のある地域」だ。ロシアの被災地のなかでも、ノボズィプコフ周辺の被害は特に大きい。事故から三〇年が経過したこの時点でも、町の一部では放射線量が高い。また周辺の森林地帯は、ホットスポットが残っている。

とはいえ、もう三〇年経ったのだ。あらためて時間の経過を思い知らされる。筆者はその当時八歳。母が「放射能がふってくる」と騒いでいたのを覚えている。

自分が大人になってから、チェルノブイリ被災地を訪れるなんて、思ってもみなかった。

ノボズィプコフ市でも、三〇年が過ぎた。事故直後に比べれば、居住地での線量は大幅に下がった。

冒頭の授業に参加した子どもたちは八～一〇歳程度。「チェルノブイリ」は、生まれるずっと前に起こったこと。文字どおりチェルノブイリを知らない子どもたちだ。彼らの親ですら事故当時は幼く、事故直後のことを覚えていない人も多い。

二〇一六年三月福島第一原発事故から五年が経過した。「風化」が進んでいると言われる。確かに東京にいると、原発事故のことが話題になることは少なくなった。時々、汚染水の問題や、避難指示解除の方針がニュースを通じて断片的に伝わるだけだ。どこか「遠いところ」で起きているかのように。

チェルノブイリから約二〇〇キロメートル離れたノボズィプコフで、事故から三〇年も経って、問題意識を持ち続けることができるのか。とはいえ、放射能汚染は三〇年では消えない。地域には目に見えない汚染の跡が残っている。

子どもたちは、どうやってこの問題を理解しているのか。それが知りたかった。

公教育に取り込まれる放射線防護

ノボズィプコフ市に古くからある公立教育機関「ギムナジヤ」を訪問した。

この学校は、日本でいえば小学校一年生から高校二年生までが一緒の校舎で学ぶ。いわば小中高一貫教育だ。一七歳で卒業する。ロシアでは、大学に入学する年齢が日本よりも一年若い。

この学校では、冒頭に紹介した市民団体「ラジミチ」とも協力して、授業のなかで放射線防護を教えている。四月二六日のチェルノブイリ三〇年記念日に向けて、学校でも、チェルノブイリをテーマにした絵画コンクールや、原発事故収束作業員の体験を聞く会など行事の準備をしていた。

二〇一一年の九月に、筆者はこの学校を一度訪れている(拙著『新版 3・11とチェルノブイリ法――再建への知恵を受け継ぐ』東洋書店、二〇一六年)。当時は事故後二五年だった。二五年経っても、教師たちが放射線リスクを子どもたちに教え続けていることに、驚かされた。

「少しばかり、この場所を今よりもましにできればいい」

この五年前の訪問時に、市民団体の代表者が言った言葉を今でも覚えている。町の教育者たちが地道な取り組みを続けている姿が印象的だった。

今回の訪問では、九年生（中学三年生）の授業に参加した。日本からのお客が来たということで、国際交流も兼ねて、意見交換させてもらった。

「学校で、どんな風に放射能リスクについて勉強するのか。チェルノブイリについてはどんなことを教えられるのか」。生徒たちに聞いてみた。

ギムナジヤの授業.

放射線防護のテーマは、主に「生活安全の基礎」という必修科目のなかで教えている。

日本にこの科目はない。単純化して比較するなら、保健体育（衛生・健康管理）と、家庭科（栄養学）と災害対策訓練が混ざったような科目である。教えていることは、応急手当や災害時の避難方法、衛生規則など。つまり「サバイバル」に必要な知識である。ソビエト時代には、有事に備えた住民訓練の意味合いもあったそうだ。

また「健康学（バレオロギヤ）」という授業では、人体に対する放射線の影響について学ぶ。「環境（エコロジー）」という授業で、ガイガーカウンターを使って周辺の放射線を測り、マップを作ったりする。

「チェルノブイリなんて皆さんが生まれる前のことでしょう。

重苦しい話だし『聞きたくない』『自分には関係ない』と思うことはないの？」

先生の前でそんなことを聞かれても、「はい、退屈です」とは言わないだろう。話してもらうために、こちらの手の内を明かしてみる。

「僕は君たちくらいのころ、授業でヒロシマやナガサキのことを聞いたし、ドキュメンタリーの映画も学校で見せていた。もちろん頭では重要な歴史だと分かったし、今思えばああいう授業があってよかった。でも東京から広島は遠いし、生まれるずっと前に起きた悲劇だ。なぜ毎年八月になるとこのテーマを聞かされるのか、子どもの頃は正直に言えば『自分には関係ない』と思ったこともある。そういう気持ちってないのかな」

「『昔のこと』とは思ってません」

「チェルノブイリはそんなに遠くない。ブリャンスク市（県庁所在地）よりも近いんです」

生徒たちから、反論の嵐を浴びた。

「友だちに甲状腺がんになった子もいます」

「親戚にも、健康被害の認定を受けて障害者証をもっている人がいる」

「エータ・ナス・フセフ・カサーエッツァ（みんなに関係あることです）！」

愚問だったようだ。でも、彼らの答えは優等生すぎるような気がして、少しまだ腑に落ちない。どうして三〇年も経って、問題意識の風化もなくいられるのか。「もう終わったこと」とせず、放射線リスクを授業で教え続けられるのか。納得のいく答えは得られなかった。

教師の卵たちと

これから子どもたちを教えることになる教師の卵たちはどうだろうか。

ノボズィプコフ教育専門学校を訪問した。

この専門学校は、一九一七年の革命以前につくられた歴史ある教員養成校だ。冒頭で紹介した市民団体の授業には、この専門学校の学生が実習生として参加している。

最上級生でも二〇歳前後。皆やはり「チェルノブイリを知らない」世代だ。彼らは、どのくらい「チェルノブイリ」のことに関心を持って、子どもたちに教えていくのか。それができてはじめて、チェルノブイリの経験や知識の世代間伝承と言えるのではないか。

この専門学校でも前述の「生活安全の基礎」科目は必修である。科目担当のシゾフ主任の授業（一年生）に参加させてもらった。

シゾフ主任は、事故当時からこの専門学校で教えていた。この町では「『チェルノブイリ』の第一発見者」として有名だ。

学生の防衛実習中に、放射線測定の方法を教えていたところ、放射線量の異常な高さに気づいたのだ。シゾフ氏はすぐにブリャンスク州の防衛局に通報した。この通報により、チェルノブイリの影響がノボズィプコフ市まで及んでいることが周知の事実となった。

「えーつまんない。『チェルノブイリ』なんてやめようよ」

一人の女学生が言う。

「今日はチェルノブイリ・カタストロフィのことを話しましょう」とシゾフ先生が言った矢先だった。

「日本のこと聞かせて。漢字でロシアってどう書くの？」

「愛してるって日本語でなんていうんですか？」

こういう学生もいるのか。どこもおなじだ。妙に安心した。

「森でキノコを採って食べている人はいるかい」。シゾフ先生がきくと、二〇人ほどのゼミで、三人が手を挙げた。

「それはダメだ。キノコは、輸入物の缶詰だけにしないといけない。森で採った分は、衛生局に持って行って測ってみるといい」

シゾフ先生は、事故直後の屋外実習で、教え子たちを被曝させてしまったことを今でも悔やんでいる。

「安定ヨウ素剤の支給が遅すぎた……」

甲状腺がんになった教え子もいる。その後、森の幸をとらないようにすること、汚染度の高いホットスポットに入らないようにすること、など教え子に対し口を酸っぱくして教えてきた。

それでもこの「教え」が、学生全員に浸透しているわけではないようだ。

町のギムナジヤでは、放射線防護教育に力を入れている。

でも、この教育専門学校には別の町出身の学生もいる。彼らの町では、どうなのだろう。汚染地域に住んでいても、やはり放射線防護に無頓着な人もいる。

シゾフ先生は、授業が終わると校舎の前に建てられた、仮設のラジオステーションに案内してくれた。

アマチュア無線サークルが、ラジオ局「チェルノブイリのこだま」を運営している。ここでシゾフ先生と教え子たちがロシア中のリスナーに、ノボズィプコフのことを伝えている。

学生たちはラジオで、この町が受けた被害について語る。そして三〇年前に起きた事故について、彼ら自身もより深く理解する。

こうやって、問題意識は未来の教師たちに引き継がれていく。「チェルノブイリの第一発見者」は、伝えることをあきらめていない。

「放射線防護」必修化の必要性

前出の「生活安全の基礎」は必修授業だ。

しかしその教科書を見ると、「放射線防護」の内容は少ない。たとえば六年生の教科書では、「放射線事故」時の屋内退避などについて数ページの記述があるだけだ。

「『放射線防護』の認定教科書はありません。私たちが補助教材を作って、学校に配っています」

冒頭の実習プログラムを指導する市民団体職員カーチャさんは言う。

彼女たちが作成する補助教材は、放射性物質が植物に蓄積されるメカニズム、季節ごとのリスクなどを、イラストを使って解説する。つまり「生活安全の基礎」科目を教科書通りに教えるだけでは、足りないのだ。その不足を、「健康学」や「エコロジー」などの授業、そして補助教材によって補っている。

「『放射線防護』を独立した必修科目にするべきだと思います。でも、それには教育省の認可が必要で、簡単ではありません。だから、『生活安全の基礎』科目のなかで、時間を割いて教えてきたのです」と教育専門学校のマカルキン校長は言う。

前出のギムナジヤでは積極的に、この「補助教材」を使っている。でも町中すべての学校で、この補助教材を使用しているわけではなさそうだ。これではチェルノブイリ問題への力の入れ方は、学校によって、教師によって差が出てしまうだろう。

「放射線防護」科目の必修化は国の教育指針にかかわる問題である。ノボズィプコフという地方都市からの提案だけで実現できるものではない。ロシア全国の学校で「放射線防護」科目の必要性を理解してもらうことは、簡単ではない。だとしてもせめて、この補助教材や授業プログラムを被災地域の学校すべてに導入するような、水平展開が必要ではないか。本格的に広めるには、町レベル、州レベルでの行政の後押しが必要だろう。

「ここに住んでいるのだから」

「だってここに住んでるんだから……」

「どうしてこんな授業を、事故から三〇年もたってやり続けているのか」という筆者の質問に対しては、学校や教育専門学校の教員から、同じ返答が返ってきた。

彼らには、筆者の質問の意味がわからない。「ここに住みながら、何の防護策も教えないなんて考えられないでしょう」というのだ。

「こういう授業をやることで、『子どもたちを怖がらせる』とか、地域の否定的なイメージを植え付けるとか、批判されることはないのですか」

「そういう批判は聞いたことがない。みんな地域にリスクがあることはわかっている。『怖がらせている』のではない。『怖がらなくていい』状況をつくるために、簡単な誰にでもできる防護策を教えているんだ。ちゃんと気を付ければ『ここでも』生きていける」

マカルキン校長は言う。

「この地域」に住む以上、何らかの対策を取らなければならない。子どもたちに防護策を教えなければならない、という意識は当たり前なのだ。

だから、放射線リスクを語る授業が批判されることもない。

「ここに」というとき、「ここ」が「チェルノブイリ・ゾーン」であることは暗黙の前提だ。

ノボズィプコフは先述のように、一九九一年、チェルノブイリ法で汚染レベル「第二ゾーン」と認められ、その後二五年間、住民たちは「第二ゾーン」住民としての様々な補償を受けてきた。

毎年の健康診断、汚染されていない地域に保養へ出かけるための費用の補助、汚染されていない食品を取り寄せるための補助金などなど。

彼らが日々受けている支援は、「地域のリスク」を前提にしている。もらえる補助金の額は、法律の改悪とインフレで目減りしてしまった。しかし、地域のリスクを軽減するための取り組み(検診、保養、食品の取り寄せなど)は、法律によって「やるべきこと」と承認されている。

「もし法律の汚染地域認定が取り消されたら、今まで通り授業ができるでしょうか」

「そうですね。最初のうちは変わらないだろうけれど。認定がなくなって『もうすっかり汚染はない』

といわれ続けたら、どうなるか……」

マカルキン校長は言う。法律で「汚染地域」と承認されていることが、「放射線リスク」について意識を持ち続ける一つの支えとなっているようだ。

「チェルノブイリ」の教え方

教材や授業プログラムを見ていて気づいたことがある。教える内容は、あまり難しくない。理論的な話もあまり出てこない。気をつけなければいけない場所、季節ごとの行動規則、避けたほうが良い食べ物などが中心である。

そこにはベクレル、シーベルトという単位すらあまり出てこない。冒頭の実習に参加した学生たちに「セシウムの半減期は何年ですか？　ストロンチウムは？」と聞いてみた。

彼ら「チェルノブイリを知らない子どもたち」が、さらに次の世代の子どもたちに、被害とリスクを伝えようとしている。意識の高い教師の卵たちだ。この「未来の先生」たちは、どの程度正確に放射能や、放射線の影響について理解しているのか。

「二〇〇年くらいですか？」

「一万年……？」

誰も正確に答えられなかった。

「セシウム１３７は三〇年、ストロンチウムは二九年」

実習指導者のカーチャさんが修正する。

意欲の高い学生ですら、これからも長く影響の残る放射性物質について正確に知らない。これはやはり、三〇年という時間がもたらした知識の風化なのか。日本ではまだ事故から五年、原発事故の問題に関心の高い人々は、セシウム137やストロンチウムの半減期を知っている。でも、これは特殊な状況かもしれない。筆者も、二〇一一年三月まで、これらの放射性物質の名前すら知らなかった。

福島第一原発事故により、福島県外でも広い地域が影響を受けた。ノボズィプコフほどでなくとも、今後長く汚染の影響が残る。事故三〇年後に、日本の社会で、同じだけの知識を持ち続けられるのだろうか。

この時より五年前の二〇一一年にノボズィプコフ市を訪れた際にも、大学生たちとの意見交換をした。その際にも学生たちは、セシウムやストロンチウムの半減期を正確に答えられなかった。それを私は、「風化の印」ととらえていた。

しかし、今回実習生たちの授業を見て、自分の考えが一面的であったことに気づいた。もちろん教師になる以上、事故の歴史も、理論的なことも知っていたほうがいい。でも彼らが教えているのは、歴史としてのチェルノブイリではない。放射性物質の名前や、核分裂の仕組みでもない。

秋になると落ち葉の吹きだまりに放射性物質が溜まりやすい。森のキノコやベリー類を採って食べてはいけない。川や湖での水遊びは避ける。森林火事で灰が降ってくるときはマスクをしたり、屋内退避が必要――これらはノボズィプコフの三〇年の生活経験で積み上げられた、生きるための知恵の数々だ。

おそらく、彼らが学び、次の世代に伝えようとしているのは「生活衛生」としての「チェルノブイリ」なのだ。

そう考えると、少し謎が解けた気がした。

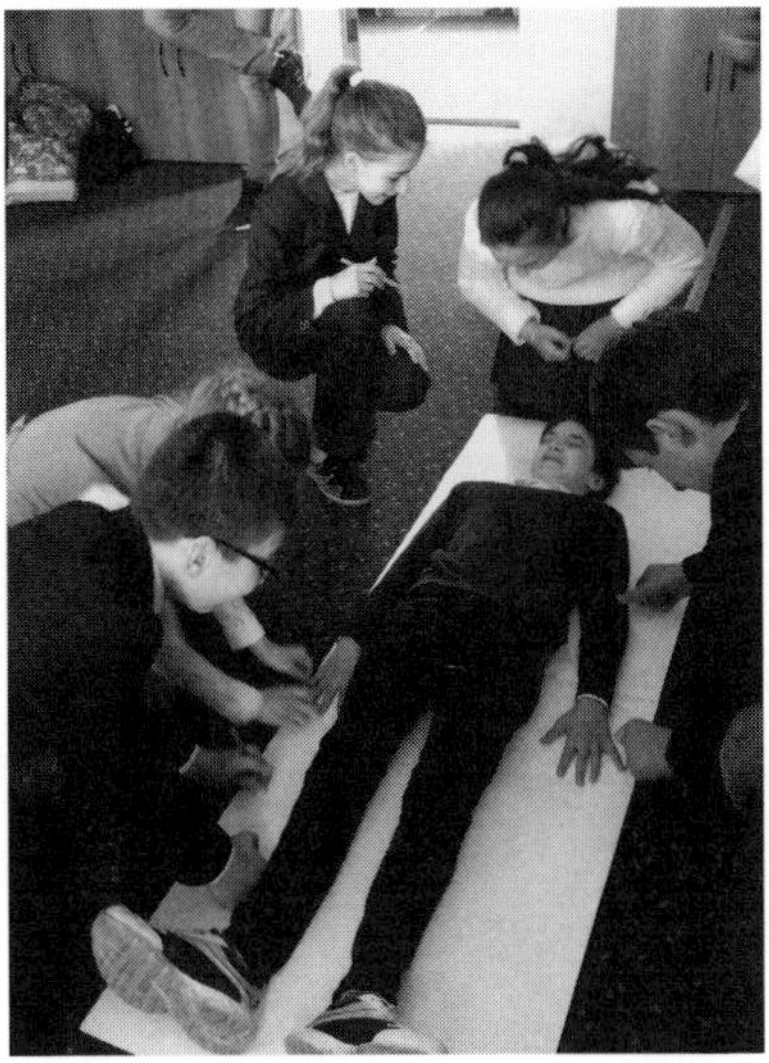

「放射線防護」の授業で，甲状腺など臓器の位置を確認するクイズを行なう子どもたち．

彼らがみな、チェルノブイリ事故の歴史や、放射線物理学について詳しく知っている必要はないのだ。

外で遊んで帰ってきたら手を洗う。甘いものを食べたら歯を磨く。そんな生活習慣の一つとして「チェルノブイリ」は教えられている。

「昔のこととは思っていない」「皆に関係があること」という、ギムナジヤの生徒の発言を思い出す。

きっと、筆者が思ったような「優等生の回答」ではなかったのだろう。今も、「チェルノブイリ・リスク防護」は生活習慣のなかに根付いている。だから、これは歴史でも、「昔のこと」でもない。もちろんここに住むみんなに関係がある。

冒頭の食べ物分類クイズ。

「放射性物質に汚染されていない食べ物」のグループに入れてよいのは何か。

答えは、スイカやバナナなど。この地域で取れたものではなく、みんな輸入品だからだ。ミルクやキノコは気をつけなければいけない。地産のものや、隣国ベラルーシから入ってくるものも多いから。

スイカやバナナは「汚染されない」なんて、「放射線生物学」的には正しくない。でも、低学年向けの授業としては、ひとまずこれでいい。買い物のとき、家庭菜園で野菜がとれたとき、森に行くとき、気をつける判断基準になる。子どもたちの内部被曝を低減できる。

「復興」はなくとも

こんなふうに、学校や専門学校、市民団体の教育現場を見て回った。そのなかで、もう一つ気づいたことがある。

日本で私たちが当たり前のように使っているいくつかの言葉を聞くことがなかった。彼らのボキャブラリーのなかに、それらの「ことば」がないのだ。

たとえば「風評被害」という「ことば」がない。

「風評被害」のような現象がないわけではない。それに近い状況は、ロシアの被災地でもある。ただそのことを、ノボズィプコフの人々は「風評被害」とは呼ばない。では、なんと言っているのか。

「この地域にはネガティブなイメージがあって、この地域の農作物は、買ってもらいにくくなった」というのだ。

同じことではないか、と思うかもしれない。けれど実は違いがある。

「風評被害」というときに、「実害はないのに『危険』であるかのように喧伝され、消費者が買い控える」という意味が生じる。

原発事故を起こした電力事業体や政府ではなく、「無理解な消費者」やその無理解を助長するメディアに、怒りが向けられる。消費者やメディアが「加害者」であるかのように……。

「買い控えられる」ことについて、ノボズィプコフの住民は「安全なのに」とは思っていない。市場に出す食品は、基本的には検査を受け、基準値を下回ったものである。しかし、サンプル検査しかされていないもの、行商などを通じて検査をせずにマーケットに出てしまうものもある。

それに、基準値を下回っても放射性物質を含む以上、やはり「リスク」はある。その「リスク」を低減する取り組みを、自分たちも日々行なっているのだ。

消費者に対して、「検査をしているからそこまで心配しなくても」という思いはあるだろう。でもリスクを避ける消費者や、地産品のリスクを語る人々に社会的な批判が向けられることはない。

「復興」という言葉もない。

「汚染土壌の回復(リハビリテーション)」について語られることはある。あるいは「チェルノブイリ被害の克服」と名付けられたプログラムが行なわれた。そのプログラムのなかで、汚染地域にガスを引いたり、水道を引いたり、環境整備に予算が付けられた。井戸水や焚き火の煙からの二次被曝を防ぐためだ。

これらは日本語でいう「復興」とは少し違う。生じた「被害」への対策であり、「原状回復」とか「興す」といった意味がない。

地域社会は「復興」のために急いでいないように見える。町には「〇〇年までに〇〇を達成しなければ」という数値目標もない。「リハビリテーション(回復)」とは言っても、それが何十年、場合によっては一〇〇年以上かかることを、知っているのだ。

「移住の権利」で人が出て行くことも、残念ではあるが、受け入れる。

「復興」という「ことば」がないことで、皮肉にも住民たちは救われているように見える。せかされることなく、ゆっくりと地道な取り組みを続けている。

住民は三〇年かけて、自分たちの言葉で被害を語り、子どもたちにリスク防護を教える文化を育ててきた。

「少しばかり、この場所を今よりもましにできれば」

経済発展の兆しは見えず、人口も緩やかに減っていく。町の発展という形での「復興」はないのかもしれない。

事故から三〇年後、放射線防護の授業を続ける町。

リスクを語っても分断されないコミュニティ。

そこは、いま私たちが生きる場所よりずっと穏やかで、ずっと優しい場所であるように見えた。

第５章 「放射線」を語れない日本の教室

カーチャが見た学校風景

やがて住民が帰ることが予定されている避難指示区域内。

路肩で、ガイガーカウンターの表示は毎時一マイクロシーベルトを超えた。

道の向こうで、除染作業員の方々が炎天下のなか作業している。

「本当にここに子どもも帰ってくるの？」

「あのマスクは放射線防護のため？　あんなマスクじゃだめだよ」


一歩一歩が、彼女にとって驚きの連続だった。

「ここでは、森でキノコを採ったりはしないんでしょう？」

自分の体験した原発事故の経験に照らし合わせて、気づくことがあるようだ。

「子どもたちには、せめて汚染がたまりやすいところを教えて、入らないようにしなくちゃ」

通訳としてチェルノブイリの教育者と福島へ

エカテリーナ・ブィコワ(カーチャ)は、ロシア西のはずれブリャンスク州、ベラルーシ国境付近のノボズィプコフ市から来た。ノボズィプコフ市は、チェルノブイリ原発から北東に二〇〇キロメートルほど離れているが、事故後の風向きと雨のせいで、汚染度が高い。

カーチャは、市民団体「ラジミチ」の職員として、子どもたちに放射線防護の知識を伝えてきた。彼女が考案した教材や、教育プログラムについて、第4章でも一部紹介した。

そのカーチャが、二〇一六年八月上旬に来日し、福島第一原発事故被災地域、広島、長崎を訪問した。福島県への訪問は「チェルノブイリ・ヒバクシャ救援関西」のコーディネートで実現したもの。筆者は同行通訳として、カーチャとともに避難指示区域、避難指示の解除された地域、仮設住宅などを回った。

原発事故後の日本の状況を自分の目で見たい。チェルノブイリ被災地で自分たちが培ってきた、子どもを守る知恵を日本に伝えたい。そんな思いで、日本に来てくれた。

原発事故被災地の状況をロシア語で説明し、チェルノブイリの経験について彼女が語る言葉を日本語に変換する。それが私の役割だった。

日露通訳の経験は、学生時代のアルバイトから数えればそれなりにある。でも、この「チェルノブイリ」「福島第一原発事故」のテーマは特別むずかしい。

苦戦しながら二つの言語を行き来していると、この「むずかしさ」の根源が見えてくる。「放射線」「ベクレル」「シーベルト」などの用語がむずかしいということもあるが、それだけではない。

福島第一原発事故について語る日本語をロシア語に変換しようとすると、特殊な「気持ち悪さ」に直面する。原発事故の影響を語る話法や、言い表す語彙がまだないということを、思い知らされる。この五年間、変な型にはまった分類のなかで、考えさせられ、語ってきたことに気づく。

「自主避難者」や「避難指示解除準備区域」など、被災地域や被災者を区切る日本語が、あまりに人工的で、外国語にしたときに何を意味しているのかわからない。なぜそんな「区切り」が生じるのか、「居住制限」と「帰還困難」の違いは何か。相当言葉を尽くしても理解してもらえない。「なんか変な区切り方をしているね」ということだけが、浮かび上がってくる。

富岡町の帰還困難区域を区切るバリケードの前に立つカーチャさん(2016年8月).

「居住が制限される」ならそこも「帰還はできない」はず。何でこの二つの地域を分けるの？　なんで、その「居住制限区域」の方は制限を解除してよいの？という具合に。

この言語ギャップのなかには、より根本的な何かが隠されている。

このとき筆者が通訳として立ち会ったのは、教育者同士の意見交換の場面だ。チェルノブイリの経験を伝えるロシアの教育者と、福島第一原発事故被災地で子どもたちに向き合う福島県の教育者たち。その場面でどんなカルチャーショックが生じ、どんな言語ギャップが浮き彫りになったのか。通訳の立場から、記録しておきたい。

被災地の「女の子」から教育者に

カーチャはウクライナ北東部チェルニゴフ州のセミョノフカという町の出身。チェルノブイリ原発事故当時一一歳だった。セミョノフカはチェルノブイリ原発から二〇〇キロメートルほど離れており、事故の情報はほとんど入ってこなかった。町の人たちのなかで、「強い風で窓枠が揺れた」「地震があったんじゃないか」「ゴルバチョフが、なにか事故があったけれど大丈夫だ、と言っていた」など噂が飛び交った。でも特に皆気にすることもなく、いつものように出勤し、子どもたちも学校に通った。

そのうち、いち早く事故の情報を得た町の役人たちが、自分たちの子どもだけ、南のほうに避難させるようになった。そしてずっと後になって、このセミョノフカも汚染を受けていたことが明らかになる。

カーチャは一五歳で中学を卒業し、教員であった母の勧めでロシア・ノボズィプコフ市の教員養成校(専門高等学校)に入学する。ノボズィプコフはロシアの町だが、当時はソビエト時代で、ウクライナもロシアも同じ国だった。セミョノフカからノボズィプコフまでは七〇キロメートル程度。隣の県の学校に入った、くらいの感覚であった。

ノボズィプコフの学生寮で生活するようになって驚いたのは、周辺の森や野原に「立ち入り禁止」の立て札が立っていること。商店には、「被災地住民専用コーナー」が設置され、汚染されていない食料品や栄養剤などが売られていた。ノボズィプコフが、汚染地域であり放射線のリスクがあることは、学校の先生たちもあまり話してくれなかった。

一人、シゾフという教師だけが、地域の汚染状況について語り、食べてはいけない食品などについて口酸っぱく注意していた。第4章でも紹介したシゾフは、緊急時の避難や応急手当など、サバイバルの知識を教える「生活安全の基礎」科目の担当で、授業の中で放射線測定実習も行なっている。でも、当時カーチャも同級生たちも、「放射能なんて見えないし、そんなこと気にしたってしょうがない」と、シゾフの助言を真剣に受け止めなかった。汚染された森で散歩し、好きなものを食べていた。今では後悔している。

二五歳になって初めて、甲状腺の問題が見つかった。医師からは、地域の汚染の影響だと診断された。三年の間、不妊に悩んだ末、一人息子を授かった。今一三歳になる息子にも甲状腺の問題が見つかっているという。

カーチャは一度故郷ウクライナの町で教員として勤務したあと、ノボズィプコフに戻り、恩師が設立した市民団体「ラジミチ」に参加。今では主要メンバーとして、教育プログラムを担当している。主な取り組みの一つが、子どもたちに放射線防護の知識を伝える「チェルノブイリ情報センター」の事業だ。セミナーや展示会を企画し、子どもたちにチェルノブイリ事故とその影響について伝える。二〇一一年以降は、福島第一原発事故についての資料も集め、展示コーナーを作っている(第7章参照)。

情報センターでは「放射線から身を守るには」「健康な食生活」などのテーマでパンフレット・教材を作り、子どもたちや学校の教師たちに提供する。カーチャは、身をもって汚染地域で無頓着に生活することのリスクを知った。子どもたちには「伝える」。自分のような問題が、次の世代に起きることを防ぐためだ。

放射線防護をめぐる意見交換と温度差

カーチャは、教員に会うと「アア、カレーガ(同業者ね)!」と喜んで握手を求める。

今は市民団体で教育活動に取り組んでいるが、「もともと自分は学校の先生」という意識がある。自分が作った放射線防護のための教材を持ち歩いて、教員に会うたびに、どんな工夫をすれば子どもたちに理解しやすいのか、そのメソッドを生き生きと話す。

低学年の子どもたちにも理解できるように、有名な絵本のキャラクターを使ったり、クイズ形式の問題を出したり、苦心して開発してきた教え方を、福島の「カレーガ(同僚)」たちに一所懸命に伝える。その姿を見ていると、「本当にこの仕事が好きなんだ」とよくわかる。

そんなに夢中になって語れる仕事に出会える人は、ロシアでも日本でもそんなに多くはないだろう。次々に繰り出される彼女のロシア語を日本語に変換しながら、かすかにうらやましささえ感じた。

このとき会うことができたのは、福島県内の小中学校で教鞭をとる先生方三人であった。旧緊急時避難準備区域の学校、福島市の学校、避難指示区域から避難した子どもたちのためのサテライト校でそれぞれ教えている。多かれ少なかれ原発事故の影響を受けた地域の教育現場で、様々な事情を抱えた子どもたちに日々向き合っている。

カーチャの、自分たちの経験を役立ててほしいという思いは強い。

日本の先生方の受け止め方には、温度差も感じられた。

お話しできたのは福島県内の一部の地域、それも三人と限られた人数だ。「福島県の先生は」と一般化することはできない。ただ、お会いした先生方に限って言えば、それぞれの反応に共通点があった。

先生方は、カーチャの話を真剣に聞いてくれた。そして彼女の取り組みを評価してくれた。でも、「そのとおりに、うちの学校でできるかどうか……」と自信なさげな反応であった。

「放射線の影響は考えないといけないし、いま聞いたようなプログラムの必要性はよくわかるのだけど。それをいま、学校でできるかと言われると。どうやったらいいか考えてしまいます。子どもたちの中には、親が東電で働いている子もいるし。原発事故についてはどう話していいか」

旧緊急時避難準備区域の学校で教鞭をとる、低学年担当の先生は言う。福島市内で理科を担当する教師と話したときも、似たような懸念が伝えられた。

「私の科目は理科だから、まだ放射線については扱いやすいかもしれません。でも、たとえば同僚の社会科の教師はどうやって授業の中で原発事故のことを扱うのか、悩んでいます。社会的な問題を話そうとすれば、賠償の話とかに触れることになるし。そうすると賠償をもらっている家の子どもと、そうでない家と、いろいろあるから」

カーチャは答える。

「別に、東電が悪いとか、だれの責任だとか授業でそこまで言う必要はないと思うんです。ただ、放射性物質の拡散があって、放射線量が高まった地域があるのなら、そのことを子どもに伝えて、測定の仕方とか、放射性物質のたまりやすい植物とか、町の中でホットスポットがある場所とか、そういう知識を伝えていけばいいんじゃないですか。そうすれば、子どもたちが余計な被曝を避ける助けになります」

社会科とか国語の授業で無理にやる必要はない。それぞれの教師が勉強して、自分が担任するクラスのホームルームとか課外活動でやればいい、ということだ。

「ロシアでは、教育システム自体が、子どものことを考えて作られているんじゃないでしょうか。今の日本では、そうはなっていないから」

理科の教師が言う。

そんなことはない。「原発事故」について、また「原発の是非について」授業の中で取り上げることの困難は、カーチャも理解している。

ロシアは原発推進国だ。公教育の授業の中で、先生が子どもたちに「チェルノブイリの悲劇」を歴史として語ることはできても、「脱原発の理念」を説いたり、原子力政策を推進する政府を批判するようなことはとてもやりにくい。

それでも、程度の差はあれ汚染を受けた地域に住んでいるのなら、子どもたちに「特に汚染されている場所はどこか」「放射線は体にどんな影響をあたえるのか」「それを避けるために何ができるのか」を伝える。「放射線防護」という必修科目はない。「健康(保健体育)」「エコロジー(理科の一部)」などの授業の中で、できるだけ多くの時間を割いて教えてきた。それは政治的にニュートラルにできることだ。

福島県内の学校では、年に二時間程度放射線にかかわる授業を行なっている。文部科学省の定めた必修科目がない以上、学級活動のうちせめて年二~三時間は「放射線学習」にあてるというのが県の出した方針だ。県内各地の学校で、この二時間の学習活動の中で、先生方は子どもたちが放射線について理解できるよう工夫してきた。公表されている事例を見ると、模型を使ったり、イラスト入り教材を使ったり、カーチャたちがやってきたのと同様の真剣な試行錯誤が見える。

しかし、二時間で何ができるというのか。カーチャ自身、先生からいくら言われても、「見えない」放射線への意識を持つことができなかった。放射線防護は、繰り返し、年齢に合わせたわかりやすい習慣づけが必要だ。

「その二時間以外やっちゃいけないっていうわけじゃないでしょ。三時間以上やるのは禁止とか、やったら解雇されるとかそうじゃないでしょ」

「それはそうだけど」

「ホームルームの時間に、毎回一〇分ずつでもシリーズでやっちゃえばいいじゃない。放課後に、勉強会とか放射線測定実習をやったっていいし」

言っていることはもっともだ。そして、それは日本の先生方もわかっている。実際に二時間の設定にとらわれず、学習活動を行なっている先生方もいる。

「でも……」

この「でも……」が訳せない。

おそらく日本人同士ではここで会話を止める。この「でも……」を前に、これ以上聞くことをためらう。自分にはとてもわからない、いろんな思いや苦悩を感じているだろう現場教員たちにそんなことが聞けるか。

そうやっていくつもの会話が途切れ、ひとを傷つけるかもしれない大事な話はなされてこなかった。でも今回は、そこで終わらない。ロシアの教育者との対話なのだ。

カーチャに、福島県内で学校の先生たちが「放射線について話しにくい」という背景を知ってもらうために、こんなエピソードも紹介された。それを通訳する。

「たとえば、こういうことがあった。子どもたちに地域の汚染状況とか、その汚染度の測り方について話をした教師がいた。でも、それを聞いた保護者から、『汚染地域というイメージを子どもに植えつける』『地域の農作物が売れなくなる』とクレームが出て、それ以降話ができなくなったって」

これは一つの例にすぎない。とても珍しいレアケースなのかもしれない。そんなことを言う人ばかりではない。そのことはもちろん、前置きした。

「なんでそうなるの？　その先生は『この町は危険だ』とか『福島の野菜は買うな』とかプロパガンダをしたわけじゃないでしょう」

「まあ、そうだけど」

「放射性物質による汚染があることは事実なのでしょう。それがどのくらいの汚染なのか、数字で示して、基準よりも汚染が高いところは気をつけよう、というのは何にも問題ないじゃない」

ロスト・イン・トランスレーション

「県とか政府が、『放射線はあるけど、これくらいなら問題はない』という方針だから。リスクがあるということが言いにくくなるんです。子どもたちに放射線がＤＮＡを傷つけるとかそういう話をすると、『風評被害』を助長することになるかもしれないし」と理科の先生。

「風評被害」……。どう訳すか。ロシア語にはない言葉だ。

「悪いイメージをつくる噂による被害」(?)と訳してみる。デジタル大辞泉の定義では「根拠のない噂のために受ける被害」というから、それほど間違った訳ではないはず。

「DNAを放射線が傷つけるっていう話が、なんで噂になるの？　悪いイメージをつくるって、何のイメージが悪くなるの？」

うまく訳せない。

もう一度トライする。

汚染土を詰め込んだフレコンバッグが運び込まれていく福島県内の海岸沿い.

「間違った情報の流布により地域の人を傷つけ損失を与える」(？)

「えっ、なんで？　DNAを放射線が傷つけるっていうのは間違った情報じゃないでしょ。教科書にも書いてあるじゃない。なんでそれが、地域の人を傷つけるの？　誰が損失を受けたの？」

学校で教師が、放射線がDNAに影響を与えるというと「風評被害」が生じるという。

これをどう訳せばよいのか。

外国語のできる人はここで立ち止まって、このセンテンスを自分のできる外国語に訳してみてほしい。おそらく気づくはずだ。

「風評被害」なんて言葉は存在しない。

もしくは似たような言葉があったとしても、日本で福島第一原発事故後に頻発し、政府の政策にも取り入れられた「風評被害対策」のような意味で使われる同義語はない。

「だから。放射線量が高まった地域がある。この福島県の中に。県外でも。そして放射線がＤＮＡを傷つける、という話ばかりすると、ここに住んでいる人たちはＤＮＡを傷つけられた人たちとみられかねない。そうすると、変な差別を受けたり、福島に行くとＤＮＡを傷つけられるという、拡大されたイメージがついたりするんじゃないかって、そういう心配なんじゃないか」

「ＤＮＡを傷つけるという話ばかりするわけじゃないでしょ。『傷つける』というのが悪いなら、ＤＮＡに変化を与えるとか言えばいいじゃない。授業で、福島にいるとＤＮＡが傷つくから福島に住むのをやめましょうというわけじゃないでしょう」

「もちろんそうだけど」

「それで誰かが被害を受けるというのは変だわ。誰がどんな被害を受けるの」

翻訳や通訳の経験がある方ならわかってもらえると思う。

翻訳困難な言葉にはいくつかの種類がある。

一つはあまりにも特殊な文化・歴史背景を背負っていて、解説を加えないと理解してもらえない言葉。たとえば「雅楽」「ボケとつっこみ」「新宿二丁目」「わびさび」といった言葉。これらは、解説をつけ背景を説明すれば、ある程度までは外国人にも理解してもらえる。

もう一つは、日本語でもその内容がちゃんと定義されておらず、文脈によって、話者によって自在に意味を変えてしまう言葉。たとえば「かわいい」とか、「癒し系」「空気を読む」といった類だろうか。この第二の単語群の厄介なところは、この単語を使っている本人でさえも、「それはどういう意味？」と聞かれると、なかなか説明ができないこと。それを聞かれてはじめて、あいまいな使い方をしていたことに気づかされる。

考えてみれば当たり前だ。第二の単語群は「ある程度のイメージだけ共有してわかり合ったつもりになる」コミュニケーションのためのツール。そして、それ以上深く考える「めんどくささ」から解放されるための言葉だからだ。

おそらく、「風評被害」は、この第二の単語群に属する。

この福島訪問後、長崎で会ったバイリンガルの英語通訳者に「英語で『風評被害』はどう訳すか」を聞いてみた。この通訳者は、福島第一原発事故以来多くの外国人専門家を日本に招き、事故後の状況についての会話や報告を通訳してきた。

「英語には『風評被害』なんて言葉ないですよ。〝Harmful rumor（有害な噂）〟と訳してみるんですけどね。少し違う。日本には前からあった言葉だけど、福島事故の後、特殊な意味づけで利用されていると思います。この言葉で、言い表した気になって、本当の問題を考えない手段になっている」

「風評被害」という単語を使うたびに、外国語にしてみることを思考実験としてお勧めする。インド・ヨーロッパ語族であれば、かならず「誰が、何によって、どんな被害を受けたのか」、定義を明確にすることを余儀なくされるはずだ。

ちなみに「風評被害ではない！　実害だ！」という言い方があるがこれにも、主語述語の転倒がある。「風評被害」の被害者とされるのは、主に、原発事故の影響を受けたとされる地域の住民や生産者。それに対して「実害だ」というときの、害を受ける側は、どんなに低くても事故がなければ生じなかった汚染の影響を受ける消費者を想定していることが多いように思う。それをいちいち、主語S（誰が）、目的語O（誰に）、動詞V（被害を与える）を明確に記述してみると、からくりがよく見えてくる。

「風評被害対策」を語り、情報発信や教育内容を制約しようとする場合、この「風評被害」という言葉の内容を定義しなければいけない。何によって、誰がどんな被害を受けるのか。そうしてその定義に当てはまらないものは、今後「風評被害」以外の言葉で記述すればよい。

間違った情報？　差別的発言？　禁止用語？　そこまでのものではないことが、ほとんどだろう。定義もしていない言葉で、報道や教育の内容を制限すべきではない。

この言語トリックから、教室を解放すること。今何よりも先に必要なことだ。

子どもたちはいつも

「保護者の大人たちが、不安定な状態にあって、みんな子どもたちは親の心理状態の影響を受けています。仮設住宅からもうじき出ていかなければいけない。それでも行く先が決まっていないという家族もいます。親が言わなくても子どもは感じ取るんですね。そういう子どもたちには、落ち着きのない態度が目立つようになります」

旧緊急時避難準備区域の先生が言う。

まだ避難先のアパートや仮設住宅で生活しながら、学校に通っている子どもたちもいるという。

そうだ、教師たちは子どものことを考えている。毎日のように。だから、しゃべったほうがいいのか、しゃべらないほうがいいのか、悩み苦しむ。カーチャが熱心に伝える「放射線防護」の授業は、まぶしくも、うらやましくも見えたかもしれない。そんなことできたら苦労はない、と。

大人たちの自信のなさは、やはり子どもに伝わる。

私もその先生たちの前で、言葉を失う。今回は通訳だったから、「なんで二時間しかやらないのか」「なんで被災地域に子どもたちを帰すのを急ぐのか」と、日本語で自分だったら聞かないような質問をいくつもしてしまった。申し訳ないと思う。

でもその自分も、「外から来たのに」「教師でもないのに」「当事者が一番つらいのに」と、いつの間にか「当事者／部外者」「県内／県外」「被災者／被災していない人」とどこにもない境界線で考えている。

私の住んでいた地域でも、事故直後浄水場からヨウ素が検出された。今も川や海を通じて放射性物質は届く。事故直後のプルーム（大気に乗った放射性物質の流れ）の動きを示すデータを見ると、直撃している。きっと私も被曝した。たいしたことはないのかもしれない。でも網羅的な測定結果が示されていないので、「たいしたことない」のかどうかすらわからない。

私の住んでいる関東地域の学校では「福島の人たちを傷つけるかもしれない」と、放射線の話を控える教師もいる。自分たちも汚染の影響を受けているのに。

私やこの関東の教師たちは、それでも当事者じゃないのか。「県外」だから、黙らないといけないのか？「黙る」ことで、「傷つけた」と言われることで、私たちも傷ついてきた。

そして私たち自身、めんどくさい問題から逃げるために「福島を傷つけない」を、口実にしてきたのではないか。


「カーチャ、正直に言ってほしい。僕たちは恐れすぎているように見える？ なんだか実体のないものに気を遣って、子どもたちにありうる問題を話すことをためらいすぎている」

カーチャが帰国する日、空港に向かう車の中で聞いてみた。

「恐れすぎているとは思わない。それにあなたたちに『できない』とも思わない。だってみんな子どもたちのことあんなに考えているじゃない。日本人は子ども好きなのもよくわかった。食品の測定とか、やっている人たちにも会えたし。私たちだって、今思えば事故から何年もかけてようやく話せるようになったんだから」


そうだ、カーチャの住んでいる地域も事故から五年の間「被災地」とは認められなかった。

情報は隠されていた。地域の汚染に警鐘を鳴らす学者や市民たちの声に、政府は耳を傾けなかった。

それでも住民たちは声を上げ続け、教師たちは子どもたちにリスクを語るすべを培ってきた。

日本でだって。


もう一度日本に来てほしい、どうなったか見てほしい。

そのとき、教室ではどんな言葉で子どもたちに伝えているのか。そのときに、僕たちは原発事故についてどんな日本語で語っているのか。

それは、ロシア語に変換可能な言葉だろうか。

そうだといい。本当に。

そのとき、通訳者はもう少し楽できるだろう。

＊この福島県訪問を実現してくれた「チェルノブイリ・ヒバクシャ救援関西」の皆様に感謝する。

第６章　原発事故から三〇年、健康被害をどう見るか

二〇一六年四月二六日、チェルノブイリ原発事故から三〇年が経過した。主要被災国（ロシア、ウクライナ、ベラルーシ）では、事故後三〇年を記念したシンポジウムが開かれ、新しい報告書や論文が発表された。これらの国では、チェルノブイリ原発事故被災者に対する健康診断を続けてきた。事故の健康影響に関して、三〇年間のデータの蓄積がある。広い地域の住民を被災者と認め、全被災者を対象とした定期的な健康診断が始まるのは、一九九一年にチェルノブイリ法が成立してからのことである。

チェルノブイリ原発事故の健康影響に関しては、議論が続いている。調査機関や研究者によって評価は大きく異なる。そうしたなかで、事故後三〇年を記念して二〇一六年版『ロシア政府報告書』が発表された。

この報告書では、チェルノブイリの健康被害について、これまでの『ロシア政府報告書』とは異なる見解が示されている。これより五年前に刊行された二〇一一年版（巻末「補論」で一部紹介）と比較しても、いくつか大きな変化が見える。

結論から言えば、「甲状腺がん」にセシウムの汚染が影響している可能性、被災二世への遺伝的影響、収束作業員の血液循環器系疾患の放射線起因、が認められた。これらの健康被害について、これまでの『ロシア政府報告書』では「考えにくい」とされるか、または言及すらされていない。ロシアが、三〇年間の健康調査を踏まえて、どのようにチェルノブイリ事故による健康被害を認めたのか。以下、要点を伝えたい。

二〇一六年版『ロシア政府報告書』はなぜ重要なのか

この報告書の正式名は『チェルノブイリ原発事故三〇年――ロシアにおける事故被害克服の総括と展望一九八六―二〇一六』。序文、本文六章、結論部、参考文献情報を含めて全二〇二頁。三〇年間におよぶ事故被害対策の総括、健康調査データの評価、今後の政策課題などについてまとめられている。二〇一一年版『ロシア政府報告書』に、その後五年間の蓄積を加え、三〇年の総括として提示されたのが今回の報告書だ。

報告書の作成には、保健省、農業省、放射線衛生基準を管轄する「連邦消費者権利保護・福祉監督局」や放射線医学の研究拠点であるロシア保健省管轄「国立医学放射線研究センター」、科学アカデミー附属「原子力安全発展問題研究所」など、政府機関の専門家が参加している。

監修を務めた「非常事態省」は、災害復旧、動乱・軍事行動による被害からの住民防護を担当する防衛機関である。チェルノブイリ事故被害に関する問題も同省の管轄である。

核武装国ロシアの国防機関である以上、非常事態省が原子力の維持・推進に不利になるような、原子力

表6-1　2016年版『ロシア政府報告書』の構成

序　文	プチコフ非常事態大臣およびフォルトフ科学アカデミー総裁の挨拶
第1章	事故被害最小化に向けた施策の組織
第2章	事故の放射線環境学的影響
第3章	住民および収束作業員の被曝量
第4章	事故の医学的影響
第5章	ロシア連邦におけるチェルノブイリ原発事故被害克服の取り組み
第6章	放射能汚染ゾーンのレジーム変更と通常生活活動条件への移行
	結論
	参考文献

被害情報を積極的に出すとは思えない。実際、この二〇一六年版『ロシア政府報告書』も、健康被害の認定に積極的とは言えない。

同じチェルノブイリ被災国のウクライナは、二〇一一年版『ウクライナ政府報告書』で「がん以外」の多種の疾病にチェルノブイリ原発事故の影響を認めている(ウクライナ緊急事態省『チェルノブイリ事故から二五年：将来へ向けた安全性――二〇一一年ウクライナ国家報告』今中哲二監修、進藤眞人監訳、京都大学原子炉実験所、二〇一六年)。

この二〇一一年版『ウクライナ政府報告書』に比べれば、『ロシア政府報告書』のスタンスはずっと保守的であり、健康被害に関する記述も乏しい。個別の学者による論文であれば、ロシアでもウクライナでも、より積極的に「がん以外」の健康被害を指摘するものもある。

それではなぜこの『ロシア政府報告書』を今、取り上げる必要があるのか。理由は、これがロシア政府としての公式見解を示したものだからである。

個別の学者チームの意見ではなく、政府機関の見解を示したものとして読むことができる。この報告書に書かれたことを、ロシアや日本の政府が、非主流派の異端学説として退けることはできない。

日本で福島第一原発事故の健康影響を否定する立場をとる医師たちは、

これまで『ロシア政府報告書』やロシア国立医療機関の専門家の論文を引用してきた。この二〇一六年版政府報告書だけは認めない、ということはできないはずだ。

日本の首相官邸の公式サイトでは、二〇一四年一月一四日付のロシア保健省管轄「国立医学放射線研究センター」副所長イワノフ教授のメッセージ「福島県民の皆様へ」を掲載し、同教授の福島県における甲状腺がんについての見解(「原発事故の影響は考えにくい」)を紹介している。

そのロシア政府が、今回の報告書で原発事故による「がん以外」の健康被害を認めた。ここに示された見解は、日本においてチェルノブイリの知見を参照する際に、最低限、考慮すべき前提となる。

二〇一六年版の健康被害に関する見解

冒頭で述べた通り、この二〇一六年版『ロシア政府報告書』の転換点は、(1)収束作業員の「血液循環器系疾患」、(2)セシウムによる汚染地域で「甲状腺がん」が多いこと、(3)作業員や被災住民の子どもの世代への遺伝的影響、を限定的ながら認めたことである。IAEA(国際原子力機関)やWHO(世界保健機関)など国際機関は、チェルノブイリ原発事故の健康被害として、前記のような被害を認めていない。「チェルノブイリフォーラム報告書」(二〇〇五年)や「UNSCEAR(原子放射線の影響に関する国連科学委員会)二〇〇八年報告書」では、これらの健康被害について「別の要因によるもの」と説明するか、または言及すらしていない。

前回、五年前に刊行された二〇一一年版『ロシア政府報告書』でも、「血液循環器系疾患」や被災二世への遺伝的影響は認定していない。住民の健康被害として認めた「甲状腺がん」についても、事故時未成年でヨウ素被曝した人々のみの問題としている。

以下、（1）〜（3）について二〇一六年版『ロシア政府報告書』がどう記述しているか、二〇一一年版および国際機関による報告書と対比しながら分析する。

（1）収束作業員の血液循環器系疾患

二〇一一年版『ロシア政府報告書』では、先立つ数年において、チェルノブイリ収束作業員の新規疾病および障害認定原因のうち、血液循環器系疾患が多いことを指摘している（新規疾患全体の一八・六%、障害認定全体の四八・七%）。しかし同報告書では、これら血液循環器系疾患が「被曝を原因とする」とは認めていない。

また「UNSCEAR二〇〇八年報告書」は、収束作業員に血液循環器系疾患が多いというデータがあることを指摘しながらも、原発事故の影響とは認めていない。以下、該当部分を引用する。

　ロシア連邦の復旧作業者の一つの研究により、放射線量は心血管疾患の死亡率と脳血管系疾患の罹患率の両方と統計学的に有意に関連しているという証拠が提供された。観察された脳血管疾患の過剰は、作業したのが六週間未満の人々、および累積線量が一五〇ミリシーベルトを超える人々と結びつけられている。しかしながら、肥満、喫煙習慣、およびアルコール消費等のような因子に関して、その研究では調整されなかった。（『放射線の線源と影響　UNSCEAR二〇〇八年報告書（日本語版）』第二巻、放射線医学総合研究所、二〇一一年、六二一―六二三頁）

確かに血液循環器系疾患は多いが、「喫煙」や「アルコール」などの影響かもしれない、という。
それに対して二〇一六年版『ロシア政府報告書』は、第4章「事故の医学的影響」で、次のような見解を示した。

> 一九八六～二〇一五年に記録されたこのハイリスクグループ（筆者注：後述）における一四〇〇件の血液循環器系疾患による死亡件数のうち、三六四件を放射線によって引き起こされたものと位置づけてよい。（二〇一六年版『ロシア政府報告書』一〇五頁、傍点筆者）

チェルノブイリ収束作業員には血液循環器系疾患で亡くなった人々がおり、それらのうちの一部は「放射線被曝の影響」であるというのだ。すでにこれは「一つの研究」による評価ではなく、ロシア連邦政府による正式な報告書における評価である。

これまでも収束作業員の死因として、心臓虚血症、心筋症、心不全、脳血管症などの血液循環器系疾患が多いことは指摘されてきた。しかし、『ロシア政府報告書』でここまで明確に、放射線被曝による血液循環器系疾患があり、それが原因で死亡したと認めたのは初めてである。

さらに二〇一六年版『ロシア政府報告書』では、放射線被曝を原因とする血液循環器系疾患による収束作業員の死亡が今後も増える可能性を指摘する。

放射線被曝による血液循環器系疾患のリスクが、今後も重要であると仮定すれば、二〇一六年時点で生存している「ハイリスクグループ」の収束作業員（七二〇〇人）のうち、さらに約五五〇件、放射線被曝が原因の血液循環器系疾患による死亡が予期される。（同報告書一〇五頁）

ここで放射線被曝による血液循環器系疾患が生じたとされる「ハイリスクグループ」とは、チェルノブ

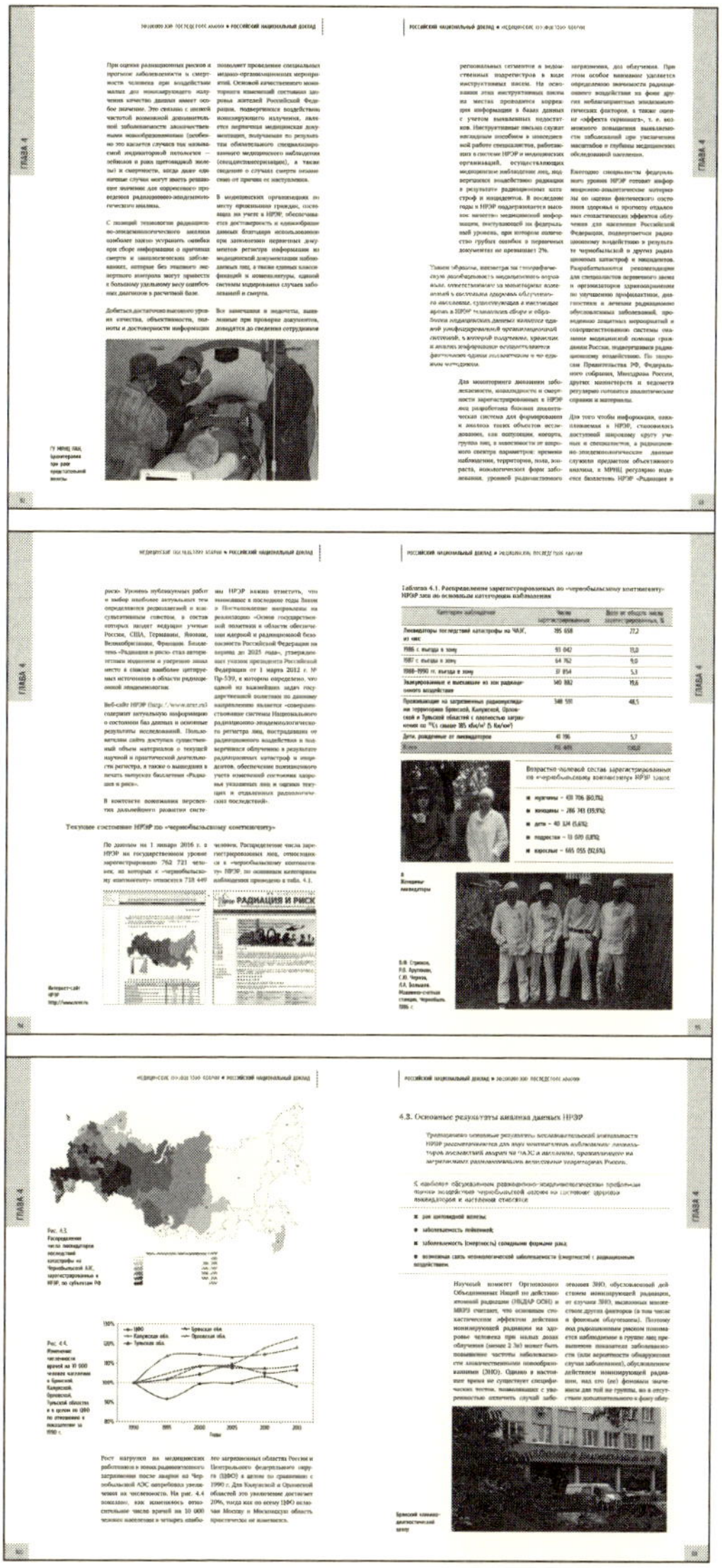

2016年版『ロシア政府報告書』より．

イリ原発事故収束作業員のうち、作業従事期間六週間未満でかつ一五〇ミリシーベルト以上の被曝をした作業員である。

ここからも分かるように、収束作業員のうち、記録に残る被曝量が一五〇ミリシーベルトを超えるグループに限定した認定である。すべての収束作業員に、血液循環器系疾患のリスクを認めているわけではない。

また収束作業員の死因としての血液循環器系疾患の原因としては、「ほかの要因が影響していることもありうる」とも指摘する。「被曝だけの影響ではない」という含みを残した認め方だ。三〇年のデータ蓄積に基づいて、「否定できない部分だけしぶしぶ認めた」という印象がぬぐえない。

チェルノブイリの収束作業員たちは、仲間のなかで心血管症に苦しむ人々が増えたことを実感している。筆者が二〇一六年四月に取材したロシアの収束作業員の数名は、「心血管症は被曝によるもの」という確信をもって語っていた。「被曝による心血管症」は、彼らにとっては当たり前の経験的事実である。実際に、被害補償の面ではそれらの多くの循環器系疾患が「チェルノブイリ原発事故被害」と認定され、補償されてきた。

また長年チェルノブイリ被災者の健康調査を行なってきた専門家も、「心血管症が被曝の影響であることは決着済み」との見解を示す。たとえば、非常事態省附属ニキフォロフ記念緊急・放射線医療全ロシアセンターのアレクサニン教授は、二〇一六年四月、筆者に対して「血液循環器系疾患が放射線被曝により引き起こされることはすでに決着のついた議論。どの程度が被曝の影響で、どの程度が他の要因と複合作用しているのか。それが現在の議論だ」と述べている。

二〇一六年版『ロシア政府報告書』が健康被害と認める血液循環器系疾患は、前述の「ハイリスクグループ」作業員の場合だけである。

しかし、それ以外の作業員でも、血液循環器系疾患を患う人々は多い。また、汚染地域住民の間でも同様である。二〇一一年版『ロシア政府報告書』によればロシアの主要被災四州における成人住民の疾病のうち、最も多いのが、やはり血液循環器系疾患である(全体の一七・八%)。

これら住民の疾患と被曝の関係をどの程度認めるのか、それとも「別の要因」で説明するのか、その問題に二〇一六年版報告書は答えを出していない。

(2) セシウム汚染地域で増える甲状腺がん

「甲状腺がん」は、チェルノブイリ原発事故の影響で増加したことをIAEAやWHOも認める数少ない健康被害の一つである。ロシア政府も、自国のチェルノブイリ被災地で、被曝の影響で甲状腺がんが増加したことを認めている。

しかし「被曝の影響で甲状腺がんが増えた」というとき、これまでの『ロシア政府報告書』では幾つかの条件づけがあった。二〇一一年版では「これらの地域(訳注：被災四州)では、住民の間に甲状腺がん発症の頻度増加が認められた」と明確に述べている。しかし、甲状腺がん発症リスクのあるグループと認めるのは、事故当時〇～一七歳の子どもだけである。これは、一八歳未満の未成年が放射性ヨウ素を甲状腺に取り込んだ場合のみ甲状腺がんの原因になりうる、という前提で評価しているからだ。

事故の翌年以降に生まれた子どもたちには、被曝による甲状腺がんは生じないとされてきた。甲状腺がんの原因となる放射性ヨウ素の半減期は八日と短く、二〜三カ月でほぼ消滅してしまう。そのため、事故から一年後以降に生まれた子どもは（母体内の時期も含めて）この放射性物質の影響を受けるはずがないのだ。

しかし二〇一六年版『ロシア政府報告書』では、被曝が甲状腺がんを引き起こすリスクに関して、これまでとは異なる書きぶりがみられた。この報告書では、半減期が三〇年と長い、セシウム137による汚染度の高い地域に居住している人々に、甲状腺がんが多いと認めている。

> 事故時児童または未成年で、セシウムで五キュリー／平方キロメートル（訳注：一八万五〇〇〇ベクレル／平方メートル）以上の最も汚染度の高い地域に一定期間居住した住民のあいだで、甲状腺がんの検出レベルが高い（自然発生レベルに上乗せして七〇％まで）という傾向は、事故後の三〇年間に見られ、これから何年もの間続く可能性がある。（同報告書一〇八頁、傍点筆者）

さらりと読み飛ばしてしまいそうだが、ここには重要な意味が隠されている。

これまでの説明通りであれば、事故時のヨウ素被曝だけが問題であるはずだ。つまりその後、セシウムやストロンチウムなどの放射性物質による汚染地域にどれだけ住んでも、甲状腺がんに対する影響はないはずだ。しかし、前記引用の傍点部は「セシウムによる汚染度の高い地域に一定期間居住した」住民の間で甲状腺がんが多い、ということを認めている。

セシウムなど半減期の長い放射性物質が甲状腺がんを引き起こす、または甲状腺がんの発症を促進する複合要因の一つになりうるのだとすれば、事故から一〇年以上経って生まれてきた子どもたちも、汚染地域に住んでいる限り、甲状腺がんについてノーリスクとは言えない。

実は、ロシアやベラルーシの被災地では、現場の医師たちが「最近の子どもたちに甲状腺がんが多い」という説明困難な状況に直面している。

たとえば、ロシア西端の汚染地域、ノボズィプコフ市の内分泌科医師ストリナヤ氏は次のように言う。「今のティーンエイジャーたちは、事故から一〇年以上たって生まれています。ヨウ素被曝をしているはずはないのです。でも彼らにも甲状腺がんが増えています。この事実を見ると、『ヨウ素だけが原因』という前提は崩れます。子どもたちの甲状腺炎もよく見つかります。甲状腺という器官に、セシウムなどの放射性物質も影響を与えていると考えざるをえません」

二〇一六年五月五日付『日本経済新聞』「チェルノブイリ三〇年の現場(下)」は、ベラルーシ・ミンスクの小児がんセンター副院長コノプリャ氏の「事故三〇年を経ても危険は去っていない」とのコメントを紹介している。ベラルーシで二〇一五年の時点でも一七歳以下の甲状腺がんが「他国より明らかに多い」という事実を前にして、コノプリャ副院長は首をかしげる。「半減期が三〇年の放射性セシウムなどによる低線量被曝がどう影響するかもわかっていない」という。ストリナヤ氏が指摘するのと同じ状況が、ベラルーシにもあるようだ。

これらは、現場の医師たちの長年の診断に基づく経験論である。ロシアではいまのところ「セシウムの影響による甲状腺がん発症」を、政府として認めたわけではない。

二〇一六年版『ロシア政府報告書』では、「未成年としてヨウ素被曝した人々」のうち、「セシウムの汚染度が高い地域に一定期間住んでいる」層に、甲状腺がんが特に多いと指摘する。セシウムの汚染だけで甲状腺がんが生じると認めているわけではない。このことには注意が必要だ。
また同報告書は被災地住民対象の健康診断を行なっていることが原因で、一定のスクリーニング効果（それまで検査をしていなかった人々に対して一気に幅広く検査を行なうと、無症状で無自覚な病気が高い頻度で見つかること）が生じている、との見解を示してもいる。

（3） 放射線の影響による遺伝的疾患

直接事故を体験していない、被災二世以降の世代への健康影響は、最も評価が難しい問題の一つである。実は、チェルノブイリ被災者保護制度は、放射線の遺伝的影響がありうることを前提に組み立てられている。具体的にはチェルノブイリ法第二五条が、一定の条件付きで、被災二世にも社会的支援を認めている。

このチェルノブイリ法第二五条に即して、ロシア保健省の研究機関（連邦国家機関「モスクワ小児科・小児外科研究所」）は「児童の疾病・障害と放射線要因の影響との因果関係確定技術」（二〇一〇年）というマニュアルを発行している。同マニュアルには次のように述べられている。

ロシア連邦において、「チェルノブイリ・カタストロフィの結果放射線影響を受けた市民の社会的保護」法（訳注：チェルノブイリ法）に示された被災者カテゴリーに該当する児童に、放射線起因の疾病の増加が記録されている。先天性形成不全、常染色体優性遺伝型の希少遺伝症候群（第一七番染色体に関連する症候群、ハジュ・チーニー症候群、ヨハンソン・ブリザード症候群等）も含む遺伝子・染色体異常、悪性を含む新生物、神経・精神疾患などが、ロシア全体の指標を著しく上回っている。

しかしＩＡＥＡなどの国際機関やＵＮＳＣＥＡＲの報告書は、被曝が原因で遺伝的疾患が生じる可能性を認めていない。二〇一一年版『ロシア政府報告書』でも、被災二世への遺伝的影響についての記述はない。ロシアでは被災者保護制度上は、遺伝的影響があることを前提としながら、政府の公式見解としてはそれを認めないダブルスタンダードが続いてきた。

ところが二〇一六年版『ロシア政府報告書』は「汚染地域に住民が居住することによる次世代の健康への影響」という項目を設けて、放射線被曝の影響による遺伝的疾患の可能性を論じている。

それによれば、「先天異常（形成不全）、変形、染色体異常」の新規件数が、近年（二〇一〇〜二〇一四年）、汚染地域に住む人々の間でロシア全国平均より統計上有意に高い（前者は一〇万人に二五三件で、後者は一〇万人に二〇九件）。しかし、これをすべてチェルノブイリ原発事故による汚染の影響と認めるわけではない。汚染地域において行なわれる特別健診の影響で、遺伝的疾患の検出件数が増えている可能性も指摘する。

同報告書が遺伝的要因による疾患のリスクを認めるのは、汚染地域の住民から二〇〇〇年までに生まれた子どもたちのケースである（それ以後に生まれた子どもには、遺伝性疾患と両親の被曝量との相関関係が見られないと指摘）。

同報告書は、より汚染度の高い地域（五キュリー以上／平方キロメートル）の住民から二〇〇〇年までの時期に生まれた子どもの世代に、「放射線の影響による遺伝性疾患」の割合が相対的に高いという。該当箇所を引用する。

二〇〇七年ICRP勧告に則した保守的評価では、汚染度が一～五キュリー／平方キロメートル（特恵的社会経済的ステータス付ゾーン）に二〇〇〇年までの時期に住んでいた親から生まれた子孫の放射線の影響による遺伝性疾患の割合は、ロシア平均指標の〇・〇八％である。五キュリー以上／平方キロメートル（退去対象地域及び移住権付居住地域）の場合、ロシア平均指標の〇・四％である。

前者（訳注：一～五キュリーの地域）では住民一三〇万人に対して、一生涯のうち一六〇件の遺伝的要因による疾患が、後者（訳注：五キュリー以上の地域）の場合、住民二三万人に対して一生涯のうち一四〇件の遺伝的要因による疾患がありえる。二〇〇〇年以降に生まれた子孫の放射線による遺伝性疾患の割合は、二〇〇〇年より前に生まれた子孫の場合と比べて五分の一である。（同報告書一〇八頁）

ここで言われている「ロシア平均指標」がどのくらいで、どのような計算式で汚染地域における「放射線の影響による遺伝性疾患」の割合が導き出されるのか、詳細な説明はない。そのため、この割合の計算がどの程度妥当なのか、評価することは難しい。

しかしここで重要なのは、今まで『ロシア政府報告書』で使われることのなかった「放射線の影響による遺伝性疾患」という言葉が使われていることだ。そして限定的にせよ、その「放射線の影響による遺伝性疾患」があると認めたことだ。

二五年間の特別健康診断の成果

「チェルノブイリの健康被害についてはすべて結論がでている」という意見がある。しかしそれならばなぜ、同じ国〈ロシア〉の政府報告書で、健康被害の評価に五年前との変化が出てくるのか。

「血液循環器系疾患」「セシウム汚染地域での甲状腺がん増加」「遺伝的要因による疾患」

どれも、チェルノブイリ被害を調査する一部の研究者たちが以前から指摘してきたことだ。ウクライナでは二〇一一年の政府報告書で、すでにこれらの健康被害を明確に認めている。さらに、この間政権交代のないロシアの場合、政治的な理由では、この健康被害評価の変化は説明がつかない。

「はっきりいえない」とされてきた多くのことについて、データと議論の蓄積によって、明確に言えることが増えてきたのではないか。

たとえば、収束作業員の心血管症については、国際機関も被曝の影響を全否定してきたのではない。「継続した調査をしてみないと分からない」という立場であった。たとえばIAEAやWHOなどが共同でまとめた先述の「チェルノブイリフォーラム報告書」(ダイジェスト版二〇〇五年)は「急性放射線症候群を患ったことのある作業者や、他の高い被曝を受けた作業者の治療や毎年の健診は続けなければならない。これには心血管症の定期検診も含む」(四五頁)と指摘していた。この「チェルノブイリフォーラム報告書」から一〇年後の今、三〇年の健康調査の蓄積に基づき、被災国ロシアがようやく心血管症について一定の見解を示せるようになった。そう言えるのではないか。

原発事故から三〇年後の現在にいたるまで、チェルノブイリ被災国(ロシア、ウクライナ、ベラルーシ)では、被災者とその子どもたちを対象にした健康診断を行なってきた。

ロシアでは原発から遠く離れた地域（たとえばチェルノブイリから約八〇〇キロメートルのトゥーラ州）も含め、健康診断を続けてきた。前述の通り、対象者には被災二世も含まれる。だからこそ、ここまで紹介してきたような健康被害の分析、評価ができるのだ。このような健康診断を可能にしたのが、チェルノブイリ法の「全被災者対象の生涯続く健診」という規定だ。

甲状腺検査にとどまらない検査項目

「本法第一三条に示された市民および一九八六年四月二六日以降に生まれたそれらの市民の子どもは、『ロシア連邦市民に対する無料医療支援国家保障』プログラムの枠内における義務的医療保険の対象となり、一生涯にわたり特別健康診断（予防医学的健康管理）を受けなければならない」

これは、チェルノブイリ法第二四条からの引用である。

「第一三条に示された市民」とは、収束作業員、汚染地域住民、汚染地域からの避難者すべてであり、皆が「一生涯」特別健康診断の対象となる。

チェルノブイリ法に基づく保健省令で、被災地のレベル（1〜4ゾーン）、被災者のカテゴリーごとに、検査のメニューや頻度が決められている。その規則に従って、各地の医療機関が健康診断を実施している。

ロシアの主要被災州ブリャンスク州の例を紹介したい。ブリャンスク州では二〇一一年の時点で、二〇〇三年のロシア保健省令に基づき、**表6-2**のようなメニュー・頻度で健康診断を行なっている（現地医師によれば、現時点でも健康診断の内容はこれと同じである）。

甲状腺超音波検診だけでなく、血液検査、尿検査は必須項目である。この検査項目を見ても、「甲状腺

表 6-2　被災地住民及び避難者に対する健康診断内容(ブリャンスク州保健局規則 2011 年 2 月 18 日付)

被災者カテゴリー	頻度	分野	健診および検査内容
1 退去対象地域(第 2 ゾーン)居住者または勤務者	毎年	内科 外科 腫瘍科 内分泌科 他　症状に即した専門医	血液検査 尿検査 甲状腺超音波検査 WBC 検査*　他 症状に即した検査
2 移住権付居住地域(第 3 ゾーン)居住者または勤務者	隔年	内科 外科 腫瘍科 内分泌科 他　症状に即した専門医	血液検査 尿検査 甲状腺超音波検査 WBC 検査*　他 症状に即した検査
3 特恵的社会経済ステータス付居住地域(第 4 ゾーン)居住者または勤務者	3 年に一度	内科 症状に即した専門医	血液検査 尿検査 甲状腺超音波検査 症状に即した検査
4 • 1968〜86 年生まれの市民でチェルノブイリ原発事故後 86 年 8 月までの期間に第 2 または第 3 ゾーンに滞在していた市民 • 第 1 ゾーンからの強制避難者，および第 2，第 3 ゾーンからの移住者(避難時胎児であった者も含む)	毎年	内科 外科 腫瘍科 内分泌科 他　症状に即した専門医	血液検査 尿検査 甲状腺超音波検査 WBC 検査*　他 症状に即した検査
5 第 2，第 3，第 4 ゾーンに居住する児童	毎年	小児科 症状に即した専門医	血液検査 尿検査 甲状腺超音波検査** 症状に即した検査

＊ WBC 検査は 5 Ci/km^2 以上の汚染地域で，6 歳以上の市民に対して行なわれる．
＊＊甲状腺超音波検査は 6 歳以上の住民が対象．
上記の必須健診項目のほか，
• 2 年に一度 40 歳以上の女性に対してマンモグラフィー検診を実施．
• X 線撮影を 15 歳，17 歳で一度ずつ，18 歳以降は 2 年に一度実施．

がん」だけを対象にしているわけではないことがわかる。そして成人年齢以上の市民に対しても、汚染度に応じて毎年、または隔年などの頻度で二五年間にわたり健康診断が続けられてきた。直接事故を体験していない子どもたちも対象になっている。

高い受診率はなぜ保たれるか

健康診断の受診率は、地域によって異なるものの一定して七~八割の水準を保ってきたという。たとえばブリャンスク州の二〇一〇年(事故から二四年後)の実績では、対象者の八〇%、対象児童の九四%が健康診断を受けている(二〇一一年版『ロシア政府報告書』八五頁)。

前出のストリナヤ氏によれば、二〇一五年時点でも対象者の七割近くは健診を受けているという。

どうして、事故から三〇年も経過したいま、これだけ高い受診率を保っているのか。

それには、二つの理由がある。

一つには、これが法律で定められた「被災者の義務」であること。この生涯に及ぶ健診を実施する責任は国にある。そして、チェルノブイリ法第二四条は被災者が「特別健康診断を受けなければならない」とする。地域の病院からは、被災者登録されている市民に通知が届く。被災地域では、医療機関から呼びかけるとともに、主要な職場や教育機関には担当のスタッフが順に訪問する。

もう一つは、健診で疾患が見つかった場合には、健康被害に対する補償がなされる可能性がある。患者自身が被曝量や放射能起因性を証明しなくとも、居住期間や避難の事実関係などの確認により、被害認定を受け得る。

「健康被害」認定、「障害者」認定を受ければ、補償金の上乗せや、より充実した支援内容（保養の優遇や高度医療センターでの治療など）が得られる。病気が見つかっても「放射能と関係ない」と切り捨てられるわけではない。被災者としては、治療が必要な疾患を早期発見し、健康被害認定を受けたほうが、メリットが大きい。

「汚染地域住民の甲状腺がんであれば、多くの場合は健康被害認定が得られます。甲状腺がん以外でも、心臓病や脳梗塞など、様々な病気で被害者認定を受ける可能性があります」

前出のストリナヤ氏は言う。

これも、もともとチェルノブイリ法第二四条が「被曝量を問わず」「放射線要因の影響が否定できない場合は因果関係を認定する」という原則を定めていたからできることだ。

最初から「どうせ放射能と関係ないといわれる」と思えば、被災地住民も避難者も、毎年わざわざ健診を受けることを望まなかっただろう。その結果、受診率はもっと下がっただろう。受診率が比較的高く保たれているのは、病気になった場合の「救済の約束」が前提なのだ。

「チェルノブイリ法は機能していない。機能していない法律を参考にしても意味はない」という指摘がある。

法律が「機能している」というのはどういう状態をいうのかは評価が難しい。しかしこの健診の実施率を見る限り、事故から三〇年経過してなお、チェルノブイリ法第二四条はこれ以上にないほど「機能している」。そして、それを原発事故被災国である日本で参考にする「意味はある」。

ロシアの被災地では、この健診のおかげで、多くの疾患の早期発見につながっている。被災者には、甲状腺がん以外の病気でも「健康被害」認定を受け、より充実した支援を受ける道が開かれている。

これが一義的に被災者保護のためであることは言うまでもない。しかし、国全体の知識の蓄積という観点からも重要だ。健診で得られたデータは、国が管理する疫学レジストリに登録され、チェルノブイリ健康被害の評価のための基盤となっている。

ロシア政府は原発事故から三〇年間の健康調査の蓄積に基づき、これまで公式に認めてこなかった健康被害を、限定的に認めはじめた。IAEAやWHOなどの国際機関による評価のコピーではない。被災国自身の手による、事故被害評価と総括である。

日本で原発事故から六年以上が経過した。国の資金も投入して公的に実施している健診は、事故当時福島県に在住していた人々を対象にした県民健康調査だけである。福島県の県境を一歩出れば、県単位の規模での原発事故影響を考慮した健診は行なわれていない。

事故から三〇年後を想像してみたい。日本は自分の手で福島第一原発事故の影響についての総括ができるのか。限定的なデータだけをもとに国際機関が示す見解をそのまま繰り返すのか。国としてのスタンスが問われている。

疾病が見つかったときに、手術をしないほうが良い場合は手術をしない。そのガイドラインをしっかり定めておけば、過剰治療は起きないはずだ。

『ロシア政府報告書』はスクリーニング効果の可能性があることは指摘するが、過剰診断のリスクを論拠に、健康調査の範囲縮小や打ち切りを求めてはいない。健診をさらに継続する必要性は広く認識されている。これが三〇年間健康調査を続けてきた被災国の知見なのだ。

健診の対象から外れた地域では、調査データがない以上、特定の疾病が生じた際に「原発事故のせいかもしれない」という、検証し得ない推測が残る。

健康調査をしないことによって、得るものは何もない。

コラム　『ベラルーシ政府報告書』から読み解くチェルノブイリ甲状腺がん発症パターン

二〇一六年九月一四日、第二四回福島県「県民健康調査」検討委員会が開催された。これは福島県で実施されている甲状腺検診をはじめとする「県民健康調査」の結果や、検査のあり方を審議、評価する専門家委員会だ。

一四日の検討委員会では、高村昇長崎大学教授よりベラルーシにおける甲状腺がんの発症傾向について資料が提出され（「福島とチェルノブイリにおける甲状腺がんの発症パターンの相違について」）、チェルノブイリと福島の違いに関して説明があった。

高村氏の報告では、福島では一五歳以上の年齢層の発症が多く、事故時五歳以下の発症が多いベラルーシのパターンと異なる、という点が強調された。

この報告の主な要点は以下のとおりである。

1　チェルノブイリ原発事故では、事故当時小児だった世代における甲状腺がんの増加が認められた。

2　資料中の図（図6-1）によれば、ベラルーシでは事故当時〇〜一五歳だった世代に甲状腺がんがめだって増加したのは一九九〇〜九四年（事故後五〜八年）で、事故直後の数年はこの年齢層にほぼ増加は見られない。二〇〇三年までの推移でみると事故時〇〜五歳の層に、特に発症例が多い。

3　一方、福島県では事故から三〜四年の間に、事故当時一五歳以上の層に、甲状腺がん・がん疑いと診断された例が多い。この傾向がベラルーシのパターンと異なる。

4　ベラルーシでは小児の甲状腺の被曝線量の中央値は五六〇ミリシーベルト、福島県では一〇八〇名の測定対象小児のうち九九％が一五ミリシーベルト以下である。

これらの指摘についてそれぞれ、妥当性を検討してみたい。

二〇一六年、事故三〇年の総括としてベラルーシ共和国非常事態省が発表した『ベラルーシ政府報告書』（『チェルノブイリ原発事故三〇年　被害克服の総括と展望』）のデータを見ると、現時点で前記のように「発症パターンの相違」を主張するのに無理があることがわかる。

まず1「事故時小児だった世代に増加」はその通りだが、これは「事故時小児の世代以外（一五歳以上）には増えなかった」ことを意味しない。チェルノブイリでは、未成年時に被曝した被災者が大人になって甲状腺がんが増える傾向が深刻な問題となっており、成人に対しても定期的な健康診断を続けてきた。日本でも、「小児甲状腺がん」に限定する理由はないはずだ。

2と3について。『ベラルーシ政府報告書』のデータ（図6-2）では、事故後三年間に一五歳以上の年齢層に甲状腺がんが増え、一五歳未満の層に増加はほぼ見られない。高村氏は、福島県で事故後三年間に一五歳

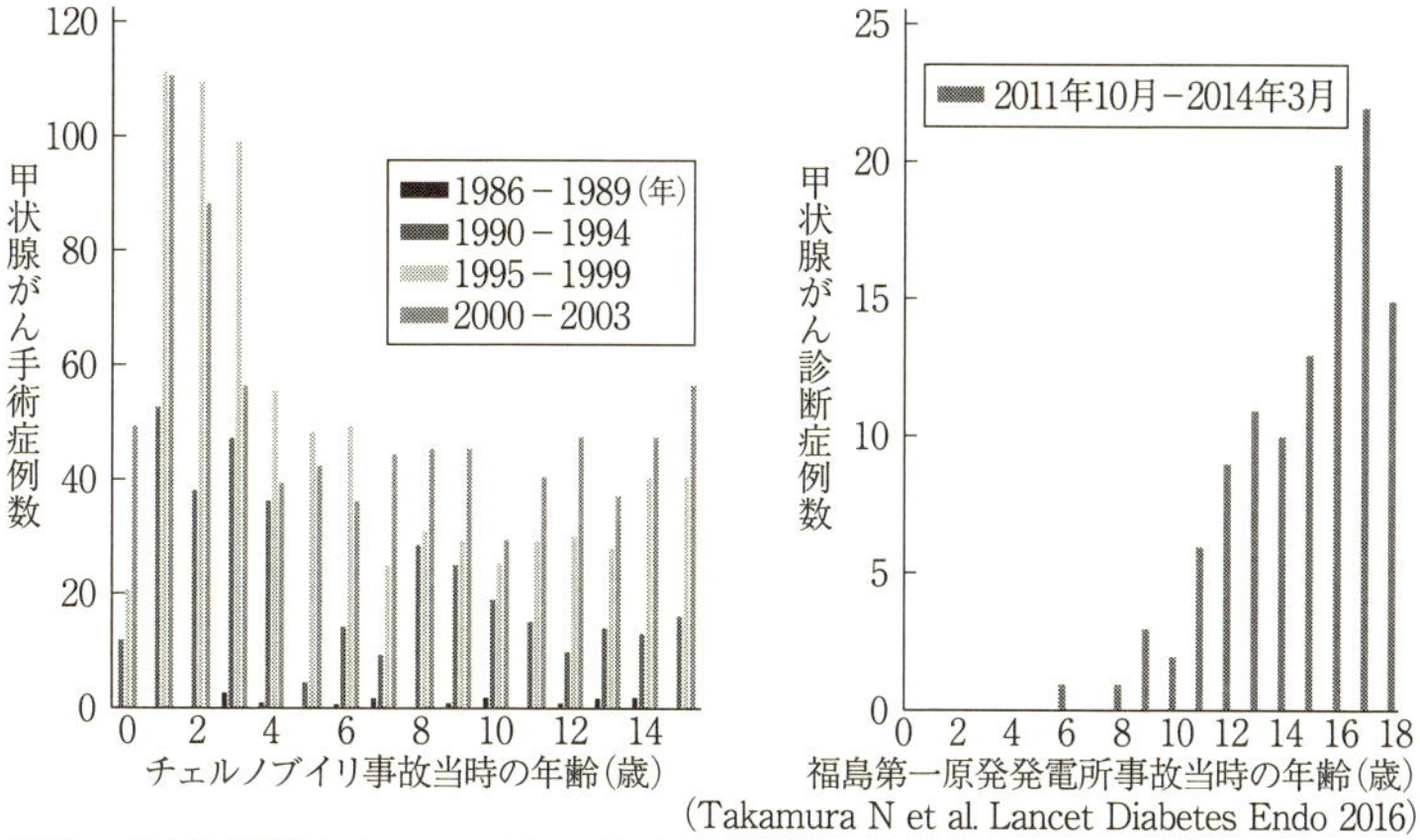

出所：高村昇「福島とチェルノブイリにおける甲状腺がんの発症パターンの相違について」第24回福島県「県民健康調査」検討委員会・資料8
http://www.pref.fukushima.lg.jp/uploaded/attachment/182609.pdf

図 6-1　チェルノブイリと福島における小児甲状腺がんと事故当時年齢との関連

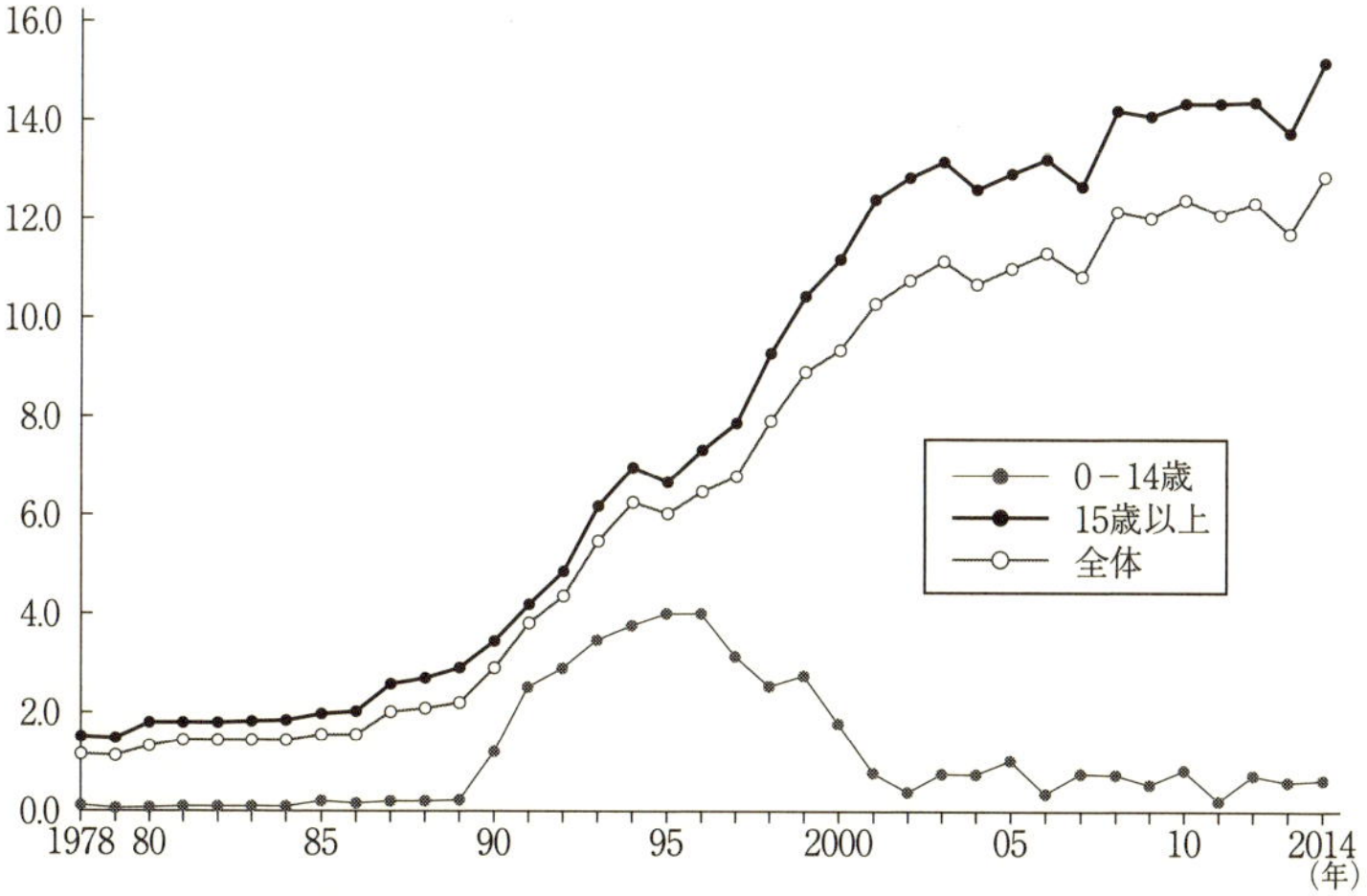

出所：『ベラルーシ政府報告書』2016年版，21頁（注：この図では発症時の年齢で示されている）

図 6-2　ベラルーシ共和国住民 10 万人当たりの甲状腺がん発症数の推移

以上の年齢層に甲状腺がん発症が多いことをベラルーシの発症パターンとの「相違」とするが、ベラルーシ政府のデータを見る限り、そんな読み方はできない。

そもそも高村氏の資料(**図6-1**)では、ベラルーシにおける事故時一五歳超の甲状腺がんの発症傾向についての情報が示されていない。福島で事故直後数年で事故時一五歳以上に甲状腺がんが多いことをベラルーシとの「相違」と主張するなら、ベラルーシでの事故時一五歳以上の年齢層の発症パターンを示さなければ比較はできないはずだ。なぜ公表されているベラルーシの事故時一五歳以上のデータを掲載しないのか、説明が求められる。

そして最後に4の「ベラルーシの小児甲状腺被曝の中央値は五六〇ミリシーベルト」という論点について。中央値を比較しても、中央値より低い被曝レベルで甲状腺がんが増加した可能性を否定できない。『ベラルーシ政府報告書』は州別、年齢層別の甲状腺被曝のデータを以下のように整理している(**表6-3**)。ゴメリ州の強制避難対象者で年齢が低い層の被曝量が極めて高いことがわかる(二～二・五グレイ程度。甲状腺被曝はグレイ(Gy)の単位で示されている。放射性ヨウ素(ベータ線)の場合、一ミリグレイ＝一ミリシーベルトで換算できる)。これらのデータを含めて平均値や中央値を算出すれば、より低い被曝量のデータは平準化され、隠れてしまう。注目したいのは甲状腺がんの増加が記録されたモギリョフ州[1]の一二歳以上の層の被曝量が、平均で見れば五九ミリグレイ、一七歳以上の層では三八ミリグレイのレベルであることだ。一〇〇ミリシーベルトをずっと下回る。

参考までに、ロシアの被災地カルーガ州南部では数ミリ～数十ミリグレイの被曝が推定される地域でも、甲状腺がんの増加がみられた(巻末「補論」参照)。

中央値の比較だけで主張できることはほとんどない。また検討委員会でも指摘されたとおり、福島県内で

表 6-3　1986 年に放射性ヨウ素影響を受けたベラルーシ共和国内の地域における住民の平均甲状腺被曝(Gy)

州／事故時年齢層	<1	1-2	2-7	7-12	12-17	>17
ブレスト	0.21	0.24	0.22	0.13	0.09	0.06
ビテプ	0.18	0.20	0.19	0.11	0.08	0.05
ゴメリ	0.47	0.55	0.53	0.34	0.25	0.16
ゴメリのうち：強制避難	2.0	2.42	2.3	1.48	1.1	0.69
同：計画移住	0.41	0.48	0.46	0.29	0.21	0.14
グロドネン	0.13	0.14	0.13	0.079	0.055	0.035
ミンスク	0.14	0.16	0.15	0.087	0.061	0.039
モギリョフ	0.12	0.14	0.14	0.081	0.059	0.038
モギリョフのうち：計画移住	0.35	0.43	0.49	0.28	0.22	0.15

出所：『ベラルーシ政府報告書』2016 年版，14 頁

の甲状腺被曝実測データが極めて少ない状況で、信頼に足る比較は困難である。ロシアやベラルーシで行なわれてきたヨウ素被曝量再構築調査も参考に、初期被曝の把握のあり方を真剣に議論すべきだ。

高村氏は、ベラルーシが最も大きな被害を受けた国であり、ベラルーシにだけ事故前からがん登録システムがあるという。だから、ロシアやウクライナでなく、事故前のデータとの比較が可能なベラルーシを対象にするというのだ。

それは正確ではない。ロシアでも事故以前の甲状腺がんのデータを収集・記録し、『ロシア政府報告書』(二〇一一年)では事故前の甲状腺がん件数のデータを示して事故後と比較している。日本との比較対象をベラルーシのデータに限定する理由はない。ロシア、ウクライナとの比較もすべきだ。

『ロシア政府報告書』では「事故翌年の増加」「事故時五歳未満の層に発症が増加したのは事故からおよそ一〇年後」などのデータが示されている。二〇一六年二月の検討委員会では、記者からこの論点に関する質問が出たが、同委員会では「読んでいない」との回答であった。その後、この第二四回委員会までに、『ロシア政府報告書』の内容についての検討

結果は示されていない。

高村教授は資料で「福島における放射線被曝と甲状腺がんとの関連を考えるとき、チェルノブイリとの比較等を通じた、因果関係の検証がきわめて重要となってきます」と述べている。しかし、今回提示されたベラルーシと福島の比較は「ベラルーシにおける事故時一五歳以上の発症パターン」を無視することで初めて成立するものだ。

これは検討委員会の資料だけの問題ではない。福島県立医科大学が健康調査対象者(および保護者)に向けて発行する「甲状腺通信」第六号(二〇一六年八月発行)にも、これとほぼ同じデータが紹介されている。ベラルーシでは事故時五歳以下の層に甲状腺がんがより多く見つかっているので、より高い年齢層に甲状腺がんが多い福島とはパターンが異なる、という説明である。高村氏が今回検討委員会で提示した資料とほぼ同じ論旨である。このように住民に対する広報資料においても、ベラルーシのデータの一部(事故時一五歳以上の発症傾向)を隠した説明がまかり通っている。

ベラルーシやロシアで発症パターンを議論できるのは、成人に対しても定期的に検診を続けてきたからだ。一平方キロメートル当たり一キュリー(三万七〇〇〇ベクレル/平方メートル)の土壌汚染を超える地域のすべての住民や避難者等が対象になる。

日本では、成人後の検診頻度を低く設定し(五年に一度)、成人後の発症傾向を見えにくくしている。また事故当時成人者や、福島県外の住民を対象外にしている。

そもそも現行の調査で、また事故から五年後という時点で、チェルノブイリのデータとフェアな比較はできるのか。

ここまでの検討委員会によるデータ分析を見てわかるのは、相当無理なデータ省略をし、比較軸を操作しなければ、現時点でチェルノブイリのデータを日本における「原発事故影響否定」の論拠には使えない、ということだ。

注

（1）最も高い甲状腺罹患率が見られたのは、ゴメリ州、モギリョフ州、ブレスト州である（『ベラルーシ政府報告書』二一頁）。

第7章　記憶の永久化へ向けて

「チェルノブイリ」を終わったことにさせない

二〇一六年八月、上野駅前

休日の上野駅は、人の群れでごった返している。動物園のほうへ向かう流れ、不忍池を散歩する家族連れ、新幹線でどこかに向かうのかスーツケースを引く人々。

五年前の二〇一一年三月一一日、この駅の前で多くの人々が帰る道を失った。すべてのホテルは満室で、インターネットカフェにも場所はなく、ファミレスやファストフードの店を深夜一時には追われ、途方に暮れた。家族や恋人と電話がつながらず、安否の確認ができないまま、何時間も遅れて届くショートメールにどぎまぎした。

深夜三時までは営業していた地下のスポーツバー。サッカー観戦用の大規模スクリーンに、信じられないような津波が映し出された。何かが起こっていることを感じながら、何が起こったのか、誰も知らなかった。

もうあんなことすべて、なかったかのようだ。

福島第一原発事故から五年が過ぎ、「五年後」といっているうちに、数カ月先には六度目の三月一一日が近づいている。

始終思い出してはいられない。思い出す頻度をバランスよく減らしながら、日常に戻っていく。そうやって、戦争を忘れ、凶悪犯罪を忘れ、この国は生きてきた。戻る日常なんてない、永遠に「その」後の時間を生きるしかない人々を置き去りにして。僕たちは通勤し、学校に行き、進路に悩み、お金のことにあくせくする。

「なかったこと」「終わったこと」にすることは、こんなにもたやすい。

チェルノブイリを「シャットダウン」させない情報センター

「はら、こっちが『フクシマ』コーナー」

案内された部屋の壁一面に写真が展示されている。津波被災地の風景、ガイガーカウンターで道路わきの放射線量を測る防護服に身を包んだ人物、爆発で崩壊した建屋の姿など。

ロシアの汚染地域ノボズィブコフ市で活動する市民団体「ラジミチ」(第4章参照)の代表者たちは、二〇一一年以降何度か日本を訪れている。その都度、日本のジャーナリストたちから提供された写真や福島第一原発事故に関する書籍を集めてきた。

いまでは、市民団体内の展示室で「『フクシマ』コーナー」をつくるほどのコレクションになった。

この部屋は、「ラジミチ」の「チェルノブイリ情報センター」。子どもたちに放射線防護を教えるための教材づくりや、チェルノブイリ原発事故の歴史を伝えるセミナーや展示会など、事故の影響を語り継ぐ情報教育に取り組んでいる。

3・11を受けて、「チェルノブイリ」を語り継ぐだけでは不十分と痛感し、「チェルノブイリ、フクシマ、悲劇は続く」という資料展を企画したという。その後も展示を充実させてきた。「ラジミチ」が、情報センターをオープンしたのは二〇〇六年。チェルノブイリ原発事故から二〇年にあたる年であった。

なぜこの時期に、情報センターが必要となったのか。情報センターの担当職員であるカーチャ（第4、5章参照）は次のようにその理由を説明する。

「ちょうど、チェルノブイリ原発事故から二〇周年にあたるころ、ロシア国内でも様々なシンポジウムがありました。そこで政府やIAEAの関係者から、『チェルノブイリ被害の一番深刻な時期は終わった』という評価が伝えられました。もう『チェルノブイリは終わりにしたい』という意図ははっきりしていました」

市民団体の代表者たちが懸念したのは補償や支援プログラムの削減だけではない。このまま「チェルノブイリ」が「終わったこと」にされれば、汚染地域の実情やまだ長く続く放射線リスクに関する情報が次の世代に伝わらなくなる。

カーチャは、「政府がチェルノブイリのテーマを終わらせる」というとき、ザクルィチ（shut down）という言葉を使った。時間とともに徐々に風化していく、というのとはニュアンスが大きく違う。誰かの意図で「終わったこと」「なかったこと」にしようとしていることを、はっきりと示す言葉だ。

チェルノブイリ原発で「何が起こったのか」、汚染被害を受けた地域でいま「何が起きているのか」。それを伝える情報拠点を、自らの手でつくらなければならない。その危機感から情報センターを設立し、手探りで運営してきた。

第4章でも紹介したように、この情報センターでは、集めた資料や新聞の切り抜きなどをもとにして、子どもたちのための教材を編集・出版している。汚染された森に潜む危険や、汚染地域で自分の健康を守るための食生活ガイドなど、テーマごとにパンフレットをまとめ、教員や子どもたちに配布する。

ロシアでも四月二六日の記念日前後を除けば、マスコミがチェルノブイリ原発事故のテーマを扱うことはほとんどない。国際機関やロシア政府の報告書は、チェルノブイリ原発事故の被害は「限定的なもの」「一部の甲状腺がんだけ」という。事故から三〇年経過し、事故当時のことを知らない若い世代が、教師として、医者として、市役所職員として働いている。チェルノブイリは「昔のこと」「終わったこと」とされても不思議はない。

政府が終わらせたいと思っている。忘れること、知らせないことはたやすい。「チェルノブイリ情報センター」は公営の博物館ではない。住民自らの手による「忘れない」ための取り組みは、事故後三一年を迎えようとも変わらずに続く。

私たちを「永遠に記憶せよ」

ノボズィプコフ市だけではない。

ロシアには、そもそも国立のチェルノブイリ博物館がない。同じチェルノブイリ被災国でも、ウクライナには首都キエフに国立チェルノブイリ博物館があるのとは対照的だ。

「ウクライナの場合は、チェルノブイリ原発の立地国だからね。自分の国の悲劇として、国が博物館をつくることもやりやすかったんだろう。ロシアだとそうもいかない。国が資金を出してまで、過去の『失敗』を記録し続けたくはないんだ」

アレクサンドル（「チェルノブイリ同盟」レニングラード州支部長。第3章参照）は言う。

実は、ロシア第二の都市、サンクトペテルブルク市に、民営のチェルノブイリ博物館がある。キエフの国立チェルノブイリ博物館に比べたら、ずっと規模は小さい。自前の建物はなく、図書館の一角に間借りして「小さな資料室」のような形で運営されている。

どうしてチェルノブイリ原発から一〇〇〇キロメートル近くも離れ、直接の被災地でもないこのロシア第二の都市に資料館があるのか。それは、サンクトペテルブルクが、チェルノブイリ原発収束作業員たちの拠点だからだ。

第3章でも紹介したように、チェルノブイリ原発事故が起きると、当時のソ連全国から収束作業のために人員が投じられた。レニングラード原発のおひざ元で、原子力や放射線医学などの専門家の多いペテルブルク（当時レニングラード）からも、多くの若者が収束作業に送り込まれた。多くの作業員（リクビダートル）たちが命を失い、生き残った者も病気や障害に苦しんできた。

去っていった仲間たちが忘れられることのないよう、リクビダートルたちは自力で資金を集め、仲間たちの遺品を保管し、粘り強く資料館の開設に向けた交渉を続けた。

資金難の問題に直面しながらも、二〇〇七年に市の児童図書館の一角に「収束作業の歴史博物館」をオープンした。博物館の設立には地区からの資金も出たが、運営は「チェルノブイリ同盟」による。人件費や展示資料の収集もリクビダートルたちが自らまかなっている。

サンクトペテルブルク市にある「収束作業の歴史博物館」.

それでも、年間三〇〇〇〇人の来場者がある。地域の学校からも、社会科見学や、歴史の授業の一環で、子どもたちを受け入れている。

「何よりも重要なのは『記憶の永久化』だよ。博物館設立の目的が『パトリオット教育のため』というのは建前だ」

博物館長を務める元収束作業員のナイダ氏はいう。記憶の「永久化」(ウベコベチバニエ)という言葉が、耳に残った。

国や地方政府が、負の記憶を残すまいとするとき。「終わったこと」「大したことはなかったこと」にしようとするとき。身をもって被害を生き続けている人間には、何ができるのか。「風化」していくのではない。意図的になかったことにしようとする動きがある。受け身の「風化対策」ではない。「記憶を永久化」する取り組みが、ロシア第二の大都市の、小さな図書館の片隅で続けられている。

大戦もチェルノブイリも息子たちを奪った

その母親の像は、川辺に立っている。

額に刻まれた二本の皺、頭を包むプラトークから、生涯を労働に捧げてきた、ロシアの伝統的な農村の女性であることがわかる。眉をしかめるようにして、その大きな瞳は、何処か遠くを睨みつける。口はきつく結ばれ、何かを押し殺すよう。

「嘆きの母」と呼ばれる。

ノボズィプコフ市の広場に立つ「嘆きの母」.

前出の「チェルノブイリ情報センター」のあるノボズィプコフ市。町の中央広場から、少し離れたところ。栄光のスクエアと名付けられた小さな広場に、ひっそりと立っている。石像の台座には、「永遠の火」がともされている。
「嘆く」というよりもその顔は、悲しみを呑みこんで力強く前を見る。そんな意思さえ感じさせる。
「これはね。もともとスビヤツク村にあったんだ。スビヤツクの住民はみんな移住させられて、この石像もこの街に避難してきたんだよ。もともとはもっと大きな石碑で、広い壁になっていたんだけど、この嘆きの母の部分だけ切り取って、ここに移したんだ」
市民団体「ラジミチ」の代表者アントン・ブドビチェンコ氏は、教えてくれた。

スビャック村は、ノボズィプコフから北西三五キロメートルに位置する村落。汚染レベルが五ミリシーベルトの推定被曝量を上回り、義務的移住の対象地域になった。住民がいなくなったスビャックから、嘆きの母の像がノボズィプコフに移されたのは二〇〇二年のことだ。

スビャック村があるのはロシアの西のはずれで、第二次世界大戦では真っ先にナチスドイツの侵攻を受け、前線となった。スビャックや近隣地域の若者たちは前線で敵を食い止めるため、命懸けのパルチザン戦を繰り広げ、その多くは故郷の村に帰ってこなかった。

「嘆きの母」の像は、命を投げ捨ててナチスの侵攻から祖国を守った戦死者を追悼するために建造された(一九七八年)。スビャック村の女たちは、息子たちが倒れた前線の方向を眺め、涙を流さず、死して祖国の英雄となった我が子を称えた。その言い表せぬ表情が、この石碑には刻み込まれている。

この「嘆きの母」のモデルとなったのは、そんなスビャック村の母親の一人、クラウディア・クズネツォワと言われる。彼女も戦争で息子を失った。

「四月二六日のチェルノブイリ記念日には、毎年ここで追悼式典をやるんだ」とアントンは言う。

もともと戦没者追悼の碑として建てられた「嘆きの母」だが、この町では「チェルノブイリ」追悼記念碑となった。

戦争と同じように、チェルノブイリ原発事故の収束作業現場には、この地域からも数十人の若者が派遣された。既にその多くは後遺症や、原因不明の病気で亡くなり、今生き残っているのはおよそ一〇人という。

戦争のときと同じように、チェルノブイリもまた母親たちから息子を奪った。「嘆きの母」のすぐ脇に置かれた円形のボードには、次のように刻まれている。

「チェルノブイリの鐘が国中に轟き渡ると、そのとき兵士たち、息子たちのもとにまた『戦争』がやってきた」

この地域に住む少なからぬ子どもたちは現在も汚染のリスクにさらされて生きている。甲状腺がんをはじめとする病に苦しんできた。誰もいなくなったスビャック村から「避難した」嘆きの母は、いまなお悲しい眼差しで子どもたちの運命を見守っている。

永遠の記憶は地上の時間を超えて

ペテルブルクのプリモルスク地区。

アレクサンドルは地区の教会につれて行ってくれた。

この地区の信者たちが通う、ロシア正教会だ。

その教会の壁にかけられた聖像画(イコン)を見て、信じられず目を疑った。

中央にイエス・キリストが聖書と思われる書物を開き、立っている。イコンの上部左右の隅にはそれぞれ、キリストを見守るように配置された天使。ここまでは、ロシア正教の聖像画として珍しくはないテーマだ。

このイコンの左下に、作業服を着た男たちが三人キリストを見上げて立っている。男たちの傍らには寄り添うようにして天使が立つ。イコンの下部、右側には遠景に原子力発電所と思われる施設が描かれている。

サンクトペテルブルク市の教会にあるリクビダートルの聖像画(イコン).

収束作業員の「受難」を描いた聖像画であるという。

「キリスト教から見て、チェルノブイリ原発事故はどういうふうに意味づけられているんですか」

「一つには、地上の試練ということかな。それから、このイコンでは、救済のために自ら磔になったイエス・キリストの模範に従った人々として、収束作業員を描いているね」とアレクサンドルは解説してくれた。

ロシア正教のイコンには題材やその画法に、一定の規範・規則がある。歴史上の、実在の人物たちを聖像画に描き込む際には、それが規範に沿って認められるのか、宗教指導者の間でも議論になることがある。たとえば、ロシア・ロマノフ王朝の最後の皇帝ニコライ二世とその家族が、受難者・聖者としてイコンに描かれた際にも議論があった。没後一〇〇年もたっていない、歴史的評価の分かれる皇帝をイコンに描くことに、反対意見もあったという。

収束作業員とは一体何だったのか。なぜ作業員たちは、自分の責任でもない事故に対して命を捨てて収束に当たったのか。失われた命はどう報われるのか。ロシア正教は、考え続けてきたのだ。そして、その一つの答えがこのイコンに描かれた。

ソ連は無神論を国是とする国だ。当時の収束作業員たちもその多くは、少なくとも公式には無神論者であった。宗教を信じていた作業員でも、皆がキリスト教徒ではない。

アレクサンドルもユダヤ人であり、熱心なロシア正教信者というわけではなさそうだ。

それでも、宗教者たちが収束作業員の運命に想いを寄せ、信者たちは祈りを捧げる。それもまた「記憶の永久化」のための取り組みである。

本当に地上を超えた永遠の記憶があるのかどうかはわからない。けれどこのイコンを見るたびに、信者の子どもたちは、両親に、聖職者たちに聞くだろう。「この左の隅にいる作業着を着たおじさんたちは、誰なの？」と。

収束作業員たちは、信仰の有無を問わず、そのことを悪くは思っていない。

福島県内。避難指示区域は急激に狭められていく。仮設住宅も、最後の住人を送り出した（それとも追い出すのかした）後には、更地として撤去されるのかもしれない。

東日本大震災を記念する資料館はできるだろう。津波や地震の破壊力、そして被災から立ち上がる人々のきずなや地域の努力は、伝えるべき歴史の一つとして記憶されるかもしれない。それは大事なことだ。でもその資料館で、目に見えない、医学的にも結論の出ない原発事故の影響については、何か残されるのだろうか。

原発事故の影響に子どもをさらすまいと、家も仕事も地域の人間関係も、すべてを手放して避難した人々がいたことを、記憶するだろうか。

葛藤の中で、住み慣れた地域で生き続けながら、それでも子どもたちに押し付けられたリスクを少しでも減らそうと、通学路の放射線量を測り、サマーキャンプを企画し子どもたちを「一時だけでも」と放射線量の低い地域に連れ出した人々の姿は、記憶するだろうか。

それは、私たちの手にかかっている。

国や自治体が動かなくとも、ロシアのチェルノブイリ被災者たちは資料館や記念碑を自力で残してきた。「終わらせよう」とする圧倒的な力の前で、小さな抵抗が続く。

第8章 原発事故を語る「ことば」はどこに

「長い間チェルノブイリのことは書きたくなかった。チェルノブイリについてどう書けばいいのか、どういう方法で、どういうアプローチをすればいいのか、わからなかったから」(スヴェトラーナ・アレクシエーヴィチ、ノーベル賞受賞講演「負け戦」より。沼野恭子訳)

これは、アレクシエーヴィチのノーベル文学賞受賞講演の一説である。『チェルノブイリの祈り――未来の物語』(松本妙子訳、岩波現代文庫、二〇一一年)を代表作とする、被災国ベラルーシのノーベル賞作家。彼女ですら、チェルノブイリについてどう書けばよいかわからなかった、という。

チェルノブイリ以前のことばは、「起きたこと」を記述するには無力であった。ベラルーシの哲学者ゲンナジー・グルシェボイ(一九五〇～二〇一四年)の一周忌に寄せた追悼文で、アレクシエーヴィチは、この「ことばの酸欠」状態について、次のように述べている(筆者訳)。

当時、だれもこのカタストロフィの規模を想像できませんでした。チェルノブイリはすでに起こっ

スヴェトラーナ・アレクシエーヴィチ.（写真提供：TT News Agency／アフロ）

てしまったけれど、私たちはまだ「チェルノブイリ前」の人間でした。私たちは「チェルノブイリ前」の怖がり方をして、このカタストロフィを「戦争」と一緒くたにしました。当時、最も怖いことは戦争だったから。他は何も意識の中に受け入れられず、私たちのことばも、どうやって対処したらいいのかの考え方も「チェルノブイリ前」のままでした。

　その当時、多くの人と話していて、まったく言葉が出てこない感じが残ったのを覚えています。起こったことを語ることのできない無力感。チェルノブイリに向かって、戦車が移動し、チェルノブイリゾーンからは、押し黙った人々を乗せたバスが列をなしてきました。

　呪文でも唱えるように皆「こんなの本に書いていない」「聞いたこともない」「見たことがない」と繰り返していました。

　きっと、ゲンナジー・グルシェボイは、新しい「ことば」を見つけようとした最初の人でした。彼が、私たちに何が起こり、私たちが放り出された空間が何ものなのか、形にして表そうとしたのです。うちで、お茶を飲みながら、彼と延々と知恵をひねり出してぶつけ合うかのように議論したのを覚えています。チェルノブイリは、これまでの世界を爆破し、私たちの社会主義への信頼、科学への信頼、人間が世界の支配者であるという確信を打ち砕いた……そんなことを話しました。

チェルノブイリを言い表す「ことば」を探した最初のひと、と評されるグルシェボイ。彼は哲学者でありながら、チェルノブイリ以後は一九八九年に基金「チェルノブイリの子どもたち」を設立し、被災した子どもたちを海外へ保養に送る社会事業に取り組んだ。ベラルーシ最高会議議員としても活動した。グルシェボイは、チェルノブイリ二〇周年のインタビューで次のように語っている(二〇〇六年四月二七日「コムソモリスカヤ・プラウダ・ベラルーシ」筆者訳)。

いまや、私たちはみな、チェルノブイリ後のことばで語っていてよいはずなのです。政治も、ポスト・チェルノブイリの政治、社会モラルも同様にポスト・チェルノブイリのものでなければなりません。放射性物質に汚染された世界では、全体主義システムとは違った体制がなければなりません。ところが、私たちはいまだにチェルノブイリ前を生きているのです。でも、「チェルノブイリ後の状態」があると確信しています。私たちの周りは、チェルノブイリに感染した人々であふれています。ただ放射線と同じく、外目には見えにくいだけです。収束作業員た

ゲンナジー・グルシェボイ.(写真提供:SPUTINK Alamy/Stock Photo)

ち、移住者たちは、起こったことを体に深く取り込んでいます。

「起きたこと」を言い表し損ね、いびつな形で「チェルノブイリ前」の時間を続けていく。言い当てられないまま、言葉の欠乏を痛感しながらも、「チェルノブイリ前」の言葉で語り続ける。

ベラルーシの作家たちによるこの「ことば」の探求は、日本語を話す私たちにとって、他人事ではない。福島第一原発事故の後、私たちがおかれた言語空間の気持ち悪さを、言い当てている。

みんな「戦争」のことばで語った

グルシェボイは言う。

「私たちが被災した村に行くと、老人たちは聞いてきます。『何があったっていうんだい？　火事でもあるまいに？　爆発だって？　移住することもないだろう？　そんなに大きな放射線なのかい？　疑ってるんじゃないよ。でも、戦争じゃあるまいに。坊やたち、戦争ってのはね……』」

誰も体験したことがなかった。どう語ればよいのかわからなかった。

その恐怖を言い表せない「酸欠」状態を埋めるように、人々は「最も怖かった記憶」に頼り、「戦争」のことばでチェルノブイリを語った。

「新聞に載るチェルノブイリに関する情報には、軍事用語ばかり使われていた。爆発、英雄、兵士、撤退……。原発の中で活動していたのはKGBで、スパイや破壊分子を見つけ出そうとしていた。事故は西側の秘密諜報部が計画的に起こしたもので、社会主義陣営を切り崩すためだなどという噂が流れた」（アレクシエーヴィチ「負け戦」）

戦争は「ソビエト人」にとって、それまでの最大の恐怖だった。それとともに、国民が連帯しナチスを撃退した勝利と栄光の記憶でもあった。

だから、チェルノブイリに送り込まれた兵士たちは、「偵察し」「突撃し」「封じ込め」「隔離」するために命を投げ出した。一一月三〇日、爆発した四号炉をおおうコンクリートのシェルター「石棺」が完成した日を、作業員たちは「勝利の日」と祝う。この勝利のために、多くの戦死者と英雄が生まれた。収束作業員たちは、対ナチス戦の功労軍人と同レベルの社会保障を勝ち取り、国家英雄となった。毎年四月二六日には、勲章を下げた作業員たちが、政府高官から表彰を受ける。

チェルノブイリ原発周辺の人々は、戦地から「疎開」していった。核戦争に備えていたソ連は、核惨事とはどのようなものか彼らなりに理解していた。

彼らが目指したのは「復興」ではなかった。「封じ込め」「隔離し」「勝利する」ことだった。

災害からの「復興」という物語

ソ連社会にとって、「チェルノブイリ」対応は、ミリタリー・オペレーションだった。市民は基本的にみな、ソ連軍の予備兵として登録されており、収束作業現場への派遣を拒否する権利はなかった。

民主主義の市民社会とされる日本から見ると、異様にも見える。

しかし、常に核戦争に備え、核惨事について我々よりもはるかに入念にシミュレーションしていた核武装国ソ連では、原子力惨事が生じた際に目指すのは「勝利」であった。封じ込め、勝利した後、封じ込めた「敵」の周辺は外界から隔離された。立ち入り禁止ゾーン。「地域復興」という言葉が出てくる余地はない。

「これからも福島県だけでなく、東北・日本復興に向かってがんばっていきたいです。『頑張ろう東北!! がんばろう日本!!』」（森健編『つなみ――被災地の子どもたちの作文集　完全版』文藝春秋、二〇一二年）

被災地域の子どもたちが、負けずに「復興を目指そう」と作文に書く。

原子力発電所が爆発した直後から、私たちは「いかに復興するか」「復興のために何ができるか」を考えてきた。

「復興政策の欺瞞」「復興は失敗」「復興最優先でいいのか」などという批判も聞かれる。

しかし当時ごく自然に、「復興」という言葉がスローガンになった。だって、日本がだめになるかもしれないと思ったのだ。東京全都避難、東日本壊滅、そんな言葉も現実味を帯びて語られていた。海外からも、応援のメッセージが寄せられた。「偉大な復興を成し遂げた国じゃないか」と。親しくしてくれた英国のジャーナリストは、「心配するな、日本人はresilient（打たれ強い）よ」と言ってくれた。

政府の広報がどうだったとしても、マスコミの報道がどうだったとしても、私たち自身が自然と「復興」を願ったのだ。ソ連社会が、自然と戦争のことばで語り、「勝利」を目指したように。私たちも、「災害からの復興」を語った。

いま、気づかなければいけないのは「復興」という言葉の善し悪しではない。私たちにそれ以外の言語の選択肢はなかったということだ。

これは、文化的、歴史的に条件づけられた特殊な言語・思考形態なのである。

チェルノブイリの対応を、ソ連が「封じ込め、隔離し、勝利する」と語ったことを見て、私たちは「特殊な社会だ」と感じる。戦勝の栄光の記憶と、核戦争への備えと、社会の隅々に浸透したミリタリーな性格が、その言葉遣いを条件づけている。

それと同じように、当時のソビエト人、チェルノブイリを体験した人々は、原子力発電所の爆発後すぐ「災害からの地域復興」を語り始めた我々を「特殊な社会だ」と感じる。

「核施設が爆発したのに、封じ込めもせず、『周辺地域の復興!?』」と驚く。

でも私たちには、それ以外のボキャブラリーはない。

ソ連が、対ナチス戦の勝利を歴史的自信の根源とするような、勝利の記憶はない。

私たち日本人が頼ったのは、数々の自然災害からその都度立ち直ったという自信か。おそらくそれよりも、「戦後復興」を成し遂げた自信なのだ。

震災前を思い出してほしい、経済的に長期低迷し、周辺国に追い抜かれ自信を失った社会で、映画『ALWAYS 三丁目の夕日』（二〇〇五年公開）のような、貧しいながらも未来を見ていた戦後復興期を描く作品がうけた。

打ちのめされても、団結力と勤勉さで立ち直り、それ以前よりも目覚ましい発展を遂げる。そしてそれを、打ちのめした相手に見せつける――オリンピックや万博のメタファーはそこで、効いてくる。

「カタストロフィ」ということば――チェルノブイリ法

チェルノブイリ被害を訴え、補償を求める運動も、主には収束作業に投入された傷痍軍人と遺族たちの運動であった。彼らは、「対ナチス戦」の功労軍人と同等の社会保障や優遇を勝ち取ることにこだわった。

でも人々は、やがて戦争のことばで語り切れないものに直面した。

チェルノブイリ法をつくる動きには、前述の収束作業員だけでなく、原発から数百キロ離れたホットスポットで何の支援もなく打ち捨てられた住民たちが合流した。

ベラルーシのチェチェルスク住民は、一九九〇年四月、議会にあてた請願で次のように述べている。

「一九八五年と比べて、地域でがんが二倍以上増えました。がんによる死亡率も七〇％増加しました。子どもの甲状腺がんや、奇形のケースが生じています。地区の総罹患率が二〇％増え、障害者認定を受ける人々も二・八倍増えました」

敵が攻めてきたわけではない。自分たちは前線に送られたわけでもない。

それでも、周りで原因不明の体調不良や、特定の病気が増えている。国際機関から派遣された医師たちがやってきて、何やら調べていくが、何があったのか情報は公開されない。

皆もう、これが戦争ではないことに気づき始めていた。

別のことばが必要だった。

おそらくチェルノブイリ被害を、戦争の「ことば」と異なる形で言い表すようになった象徴的な文献が、チェルノブイリ被災者保護法「チェルノブイリ法」である。

彼らが、この「被害」を言い表すために、駆使して紡ぎだしたことばが、チェルノブイリ法の条文の随所に埋め込まれている。最も象徴的なのは、チェルノブイリ法で「事故」という言葉を使うのをやめ、「カタストロフィ」と呼ぶようになったことだ。

チェルノブイリ法の前文は「チェルノブイリ・カタストロフィ」について次のように記述する。「チェルノブイリ・カタストロフィは何百万もの人々の命に影響を与えた。多くの地域で、広大な領域で、今までにない社会・経済状況が生じた。ウクライナ全体が環境被害ゾーンとなった」

ロシアの被災地ノボズィプコフ市で活動する市民団体の創設者パーベル・ブドビチェンコ氏は、二〇一一年に初めて会ったときに、こう言っていた。

「リョウ、君は外国人だから仕方がない。でも君が『事故(AVARIYA)』という言葉を使うたびに、苦しくなるんだ。これはカタストロフィなんだよ」

確かに「事故」よりも「カタストロフィ」の方が大規模で深刻なニュアンスはある。そのときは、些細な用語へのこだわりに聞こえた。今になってようやく、ブドビチェンコ氏の言いたかったことの意味が少しずつ分かってきた。

おそらく、アレクシエーヴィチも、グルシェボイも、実はポスト・チェルノブイリのことばを使っている。

チェルノブイリ法は「カタストロフィ」ということばを使う。そして、このカタストロフィにさらされた市民の状態を言い表すため、編み出されたいくつものことばがある。

グルシェボイが力を入れた、子どもたちの「保養」も、ソビエト時代からのピオネールキャンプ(共産党少年団の合宿)の伝統に依拠しながら、「放射線源から子どもを遠ざける」メニューとして、ポスト・チェルノブイリの社会に欠かせない生活習慣となっている。

チェルノブイリ法は、健康被害だけを補償するのではない。

目に見えるけがや病気はなくとも、リスクを負わされたこと、影響にさらされた状態、を言い表すことばを紡ぎだした。

「居住することのリスクに対する補償」

「被曝途中の人(基準値を超えてはいないが、被曝し続けている状況)」

こんな、それまでのロシア語にはなかったことばの数々が、チェルノブイリ法とその実施規則のなかに生み出された。それらは、「チェルノブイリ以前のことば」で語りえなかった状態、語りえなかった「被害」を言い表すために編み出された、生き残りの願い、祈りである。グルシェボイの言う「チェルノブイリ後の状態」を言い表すことばは、少しずつ、社会の中に、法のなかに編み込まれていった。

そもそもチェルノブイリ法は「チェルノブイリ・カタストロフィの影響にさらされた市民」を対象にする。「健康被害が生じた人」だけでも「基準値を超えて被曝した人」だけでもなく、「影響にさらされた人」を守る法律だ。

日本語にはこれらのことばがない。

目に見える病気(それも白血病か甲状腺がん)でなければ、あとは「精神的苦痛」「不安」ということになる。だから人々は、逆説的にも被害のフィジカルな証拠を強調する。「鼻血」「甲状腺がん」など目に見える被害がなければ、被害者としての承認は得られないことが前提となってしまっている。フィジカルな証明がなければ、あとは「ただ不安に思っているだけ」とされてしまうからだ。

「被曝途中」は「基準値以下だから安全」、「居住するリスク」は「根拠なき不安」と言い表す。いまだに私たちは、フクシマ以前のことばで語っている。

私たちは災害の「ことば」で語ってきた。「福島第一原発事故」という災害からの復興。だから「犯人探しをしても始まらない。重要なのはどうやって震災以前の状態を超える地域発展を実現するかだ」と言われれば、「そうだな」と思えたのかもしれない。

ただ、極端な思考実験だと思って聞いてほしい。もしあの三月にすぐ、福島第一原発「事件」と呼んでいたらどうだろうか。「犯人探しをしても始まらない」と言えただろうか。そして、僕たちは今と同じ言葉で事態を言い表していただろうか。「事件」である以上、責任の所在を確定することが最優先となっただろう。もちろん、一企業の幹部だけの責任ではないはずだ。そしてその罪を言い表す「ことば」が必要になっただろう。

業務上過失「致死」でも「致傷」でもない。生きており、目に見える病気が生じていない場合でも、確かに「影響を受けている」。この状態をどう言い表すのか。真剣に考えることになっただろう。

チェルノブイリの人々は「戦争」のことばで語った。そして人々はやがて、これが戦争でないことに気づいていく。ことばが意識を変え、社会が生まれ変わろうとした。その新しいことばで記述された法律が、今もなお、最後の砦のように人々の権利をうたっている。

私たちの、災害からの復興の物語。
つらいけど、もう言葉を変えなければならない。

これは災害ではないのだ。

それは「避難」だったのか?

避難―「災害を避けて、安全な場所へ立ちのくこと。『川が増水したので高台に避難する』」(大辞泉)

日本語の「避難」は、物理的なダメージを受けた地域からの移動を前提にしている。だから建物の倒壊や、河川の増水など、目に見えるダメージから地域が回復すれば、避難した人々はいち早く元の地域に戻る。不可避的にそれが、「避難」の目指すゴールとなる。

だから、物理的なダメージが目に見えない地域からの「避難」、住民が住み続けている地域からの「避難」というものを、日本の「避難」制度は想定していない。

だから、与える住宅は「仮設」であるし、どんなに当事者が「長期避難」を求めても、避難のゴールはできるだけ早く元の地域に戻すこと、となる。

そもそも、これは何を逃れるための「移動」だったのか。もう一度、丁寧に言語化していく必要があるのではないか。

何を逃れるための。多くの人に共通する最大公約数としては「放射線」であっただろう。でもそれだけだろうか。

子どもたちを「疎開」させようという言葉もあった。

疎開―「空襲・火災などによる損害を少なくするため、都市などに集中している住民や建物を地方に分散すること」(大辞泉)

いま見た目に明らかなダメージを受けた地域でなくとも、何かに襲われるかもしれない。その地域からは、子どもたちを遠ざけておく。「疎開」という言葉のほうが、近いのかもしれない。でもそれはやはり戦争のことばで、うまく言い表せているのか、こころもとない。

「今東京が住めないほど汚染されているとは思わないんです。でも、あのとき金町の浄水場でヨウ素がでて。母乳からセシウムが出て。ああダメだって。ここじゃダメだって。思ったんです。その思いは今もあるんです」

東京から西日本に避難したある母親の言葉だ。

「知識とかじゃなくて、ここから離れなきゃいけないって思った」

「生まれたときあんなにうれしくて、凍えないように必死にタオルでくるんだ。ここで娘と暮らせない」

それまで当たり前に持っていたものを、自らの手で捨ててでも移動した。その人たちが時間をかけて見つけたことばは、何かを言い当てている。この移動を肯定し、全力で保証しなければいけない。私たちの社会の在り方が問われている。何かが、失われてしまったのだ。放射線は重要な要因だけれど、それだけではない。ここにいたら、また何があるかわからない。何かあっても「安全」とだけ言われる。そんなことの複合体が、移動を余儀なくさせた。そしてその複合体はまだそこにある。それはベクレルやシーベルトだけでは測れない。この移動は「避難」だったのか？

僕たちはまた、ことばの酸欠の真っただ中で立ちすくむ。

今はない「ことば」で僕たちを裁け

「チェルノブイリ。私はこの言葉に苦い味を感じる。それは歯にはさまり、舌の上でころがり、のどにつかえる」(ゴメリ市 第一〇中等学校八年生＝中学二年生)

「チェルノブイリは、私が子どもの時にはだしで歩いた美しい小道を、私の両親の家を奪った。このことを私は決して許すことはできない」(ブラーギン市 一六歳)

一九九四年に行なわれた作文コンクール「私の運命の中のチェルノブイリ」で、ベラルーシの子どもたちが書いた文章だ(チェルノブイリ支援運動・九州編、菊川憲司訳『わたしたちの涙で雪だるまが溶けた——子どもたちのチェルノブイリ』梓書院、一九九五年)。

チェルノブイリから八年後、中学生、高校生たちのことばだ。八年前彼らは五～一〇歳であったろうか。

「何のために作文のテーマがこれに選ばれたのか分からない。あなたたち大人は僕たちから何を聞きたいのか。あなたたちは、あなたたちの運命の中のチェルノブイリ、あなたたちの子どもの運命の中のチェルノブイリの意味については、あなたたち自身がよく知っているのではないか」(ゴメリ市河川船隊工養成学校)

こんな風に「語ること」を求める大人たちへの怒りが素直に表明されることもある。この時期に徐々に、子どもたちは、チェルノブイリを言い表す自分のことばを見つけつつあるように見える。

「チェルノブイリ原発での事故は大きな被害をもたらしました。それは誰の罪なのか。社会か、原発で働いていた人なのか、偶然なのか。罪の大小はあるけど、きっとその全部なのでしょう。最も重い罪をおっているのは、事故の事実を明らかにすることを禁じた者です。これは議論の余地はありません」（ドロギチン町　一六歳）

僕たちは、あなたたちに、取り返しのつかないことをしたんだよ。裁かれなきゃいけない。その罪を言い表す「ことば」を、見つけないといけない。

チェルノブイリを体験した人々は、願いをことばにして法に書き込み、子どもたちが時間をかけて自分のことばを見つける場をつくった。

この「ポスト・チェルノブイリのことば」の探求のなかで、ロシア語は変わった。それまで言い表せなかった「なにものか」を言い当てはじめている。

日本語は変わらなければいけない。「国会」「民主主義」「人権」。これらもかつてみな、外来語だったのだ。

私たちはまだ「探求」をはじめたばかり。

まだ、多くのことを言い表せていない。

終章　「カタストロフィの終了」に抗して

一〇〇年後の君たちへ

「ウクライナにとってチェルノブイリとは何でしょう？　それは、驚異の放射能に汚染された国土のおよそ一〇％に及ぶ土地です。事故直後または長い時間がたってから、原発の近くで、または遠く離れた場所で、この恐ろしいカタストロフィによって何らかの被害を受けた三〇〇万人以上の人々です。そのうちの五〇万人は、子どもでした。そしてこれは、数百もの村、集落、町から住み慣れた家を捨て、去ることを余儀なくされた何千、何万もの人々です。これは、放射線によって引き起こされた何千件ものがん、何千件もの死亡例です」（二〇一七年四月二六日付ウクライナ大統領府リリースより）

これは二〇一七年四月二六日、チェルノブイリ原子力発電所事故から三一周年の記念日に、同原発の敷地においてピョートル・ポロシェンコ・ウクライナ大統領が行なったスピーチの一説だ。

「私たちウクライナ人と、ベラルーシの仲間たちは同じ地獄巡りをしたのです。おとぎ話のような美しいこのポレシエ地域の民は、重い試練をあじわうことになりました」

式典の場には、ベラルーシ共和国のルカシェンコ大統領も出席している。ウクライナとベラルーシ。チ

2017年4月26日，鋼鉄製シェルターで覆われたチェルノブイリ原発4号基の前で記念式典を行なうウクライナのポロシェンコ大統領(右)とベラルーシのルカシェンコ大統領.（写真提供：ロイター＝共同）

エルノブイリ原発事故により最も甚大な被害を受けた、二つの国の指導者が並んだ。

二人の背景には、チェルノブイリ原発第四号基。昨年までは、ところどころ崩れ落ちた石の遮蔽物「石棺」をかろうじてのっけているだけの無残な姿があった。いまでは新設のアーチ形シェルターがかぶせられ、四号基自体は見えない。

一九八六年四月二六日にチェルノブイリ原発事故が起きた。命がけの消火活動で火が消し止められた。次には、爆発し屋根が吹き飛んだ原子炉(四号炉)を塞ぎ、放射性物質の拡散を防ぐことが急務となった。決死の建設部隊により、八六年一一月にはコンクリート製の遮蔽物「石棺」が完成する。

事故から三〇年以上が経過し、この突貫工事で作られた「石棺」は、とうに耐用年数を過ぎていた。原子炉の奥に今も残るデブリの取り出しは見通せない。もう一つ新型のシェルターで、この崩れかけの石棺を上から覆いかぶせ、外界から遮断することになった。デブリの取り出しは、遠い未来に先送りされた。

度重なる工期の遅れを経て、このアーチ型シェルターは二〇一六年一一月三〇日に完工セレモニーを迎えた。「(新シェルター設置後)周辺の放射線量が半分に下がった」と担当の技師は成果を強調する。

前述のスピーチにおいて、ポロシェンコ大統領はこの新シェルターを「人類史上最も野心的な工学プロジェクトの一つ」と絶賛する。少なくとも一〇〇年間は安全に運用できるという。大統領は、このアーチ形シェルターが「我々を、子どもたち、孫たち、ひ孫たちまでも保護してくれるだろう」とお墨付きを与えた。

デブリを取り出し、この地域を無害な状態に整備するまでの工程は描けていない。放出されたプルトニウムの半減期は二万年を超える。廃炉に何十年も、いや場合によっては一〇〇年以上かかるだろう。「孫たち、ひ孫たち」を保護したあと、どうなるのか。一〇〇年後の人類は、老朽化したこのアーチ形シェルターの前で何を思うのだろうか。

ポロシェンコ大統領はもちろん、その時にはもういない。

畏怖がおわるとき——立ち入り禁止区域を経済のために活用

「シェルターは一〇〇年もつから大丈夫」と自信を持って語るウクライナの国家指導者。このスピーチのなかには、どうしてもある種の「軽さ」が響く。

事故から約一週間後(五月二日)には、チェルノブイリ原発の周囲三〇キロメートル圏全域に強制避難が拡大された。三〇キロメートルゾーンは、その後九一年に成立したチェルノブイリ法で「隔離ゾーン」とされる。ここでは、定住や住民の帰還、通常の経済活動が禁じられた。原語では「Zona Otchujdeniya」。「疎外された」「自分のものではなくなってしまったゾーン」の意味である。

三〇キロメートル圏内でも汚染の度合いは様々で、放射線量が基準値(一ミリシーベルト/年)より低い地域もある。それでも三〇キロメートルゾーン全域を「立ち入り禁止」としたのは、一度炉心のむき出しになった原子炉から「近い」ためである。事故を起こした原子炉に不測の事態があれば、いつまた周辺地域に破壊的な影響を及ぼすかわからない。畏怖の念があった。

しかし、事故からすでに三〇年が経過した。「原発周辺の土地を有効活用すべき」との考え方が前面に出るようになっている。

「二〇一七年三月三〇日、『チェルノブイリ放射線環境学・生物圏国立公園』が法人登録を完了した」(二〇一七年四月六日付国家隔離ゾーン管理庁リリース)

二〇一七年四月二六日のチェルノブイリ記念日に先立って、ウクライナの報道機関がこの「国立公園」設立について報じている。

三〇キロメートルゾーンのなかでも主に一〇キロメートル圏より外側に「自然・生態学観察公園」を設立し、国際的な研究プロジェクトや、一定の経済活動を行なえるようにする。そのために、これまで課されていた厳しい立ち入り・活動規制を緩和するのだ。

この国立公園は、二〇一六年、チェルノブイリ三〇周年の四月二六日付で出された大統領令によって設立が決まった。そのための法改正も進められてきた。この「国立公園」案が出された当初は「三〇キロメートルゾーンを一〇キロメートルゾーンに縮小か」と騒がれたこともあった(第2章参照)。

「現在、自然公園の活動開始に必要な行政手続きが始まっており、『チェルノブイリ放射線環境学・生物圏国立公園についての計画案』も承認された」と担当機関のリリースには述べられている。

この「国立公園」で具体的に何が行なわれるのか、「隔離ゾーン」をどのように有効に活用し、ウクライナや国際社会にどんな便益をもたらすのか、「学術研究に活用する」という方針のほか、詳細はまだ明らかでない。

「国立公園」の設立準備と並行して、ゾーン内での発電事業プロジェクトも準備が進む。さすがに原発の再稼働ということではない。これまで経済活動が禁じられていたゾーン内で「太陽光発電」などの新たな電力事業を認める方向で、ウクライナ政府は動き出している。

「四月六日、チェルノブイリ原発において国家企業『チェルノブイリ原発』社役員と『ソーラー・チェルノブイリ』社代表の間でスタート会議が行なわれた。『ソーラー・チェルノブイリ』社は『チェルノブイリ』太陽光ステーション用地を借り受けた事業者である。この新規太陽光発電所建設の元請事業者は有限会社『ロジナ・エナジー・グループ』である」(二〇一七年四月一一日付「チェルノブイリ原発社」リリース)

すでに、チェルノブイリ原発敷地内での太陽光発電事業が動き出している。このリリースでは、「発電所用地賃借」「発電所建設元請事業者」など、これまでの三〇キロメートルゾーンでは禁止されていた「経済活動」を示す言葉が並んでいる。前年まではこんな記事はありえなかった。

このゾーン内での発電事業には外国企業からの関心も高い。ウクライナ環境大臣の発言によれば、「三九社がチェルノブイリゾーンにおける太陽光発電所建設の申請を出しており、そのうち一三社は国際企業である」という(一月一七日付「オボズレバテリ」の記事)。外国企業の中には中国企業(GCL System Integration Technology および China National Complete Engineering Corp.)もあり、これら中国企業は段階的に発電出力一ギガワットの太陽光発電ステーションを建設する計画を申請している。「セメラク環境大臣によれば、これら投資家にとって魅力的なのは、用地の賃借料の低さと、以前チェルノブイリ原発用に建設され使用されていない送電線があることである」(同前)という。

「チェルノブイリ原発周辺地域の太陽光発電」というプロジェクトは、本来、原発依存からの脱却を目指すシンボル的な意味を持つはずだ。しかしウクライナ政府は、脱原発の覚悟をもって太陽光パネルを設置するのではない。原発に依存するエネルギー政策に変化はない。そこに安く使える土地があり、使われていない送電線があり、企業に貸せば収入が得られるから、というだけの理由である。

「（訳注：太陽光発電プロジェクトの）実現は、安定した国家予算収入を確保し、追加の雇用を生み出すものです」とペトルーク国家隔離ゾーン管理庁長官は述べている（二〇一七年四月一四日付同庁リリース）。

生態学研究のための国立公園にしても、太陽光発電にしても、これまで立ち入りや活動が規制されていた「ゾーン」の有効活用を目的としている。政府機関の担当者は「ゾーンは住民の定住には適さない」と認めており、産業、学術的な活用に限られるようだ。

ゾーン内での国際的な自然調査を行なうことも、自然エネルギーによる発電を行なうことも、活動それ自体に反対する人は少ないだろう。活用の仕方としては、理解を得やすい内容である。

しかし、先に引用したポロシェンコ大統領のスピーチ同様、この立ち入り禁止区域の経済的活用政策には、ある種の「軽さ」が感じられる。

確実に言えることがある。ポロシェンコもロシアのプーチン大統領も、自ら八六年のチェルノブイリ原発事故対応に奔走した世代の政治家ではない。「チェルノブイリを知らない」世代の政治家が権力の座につき、彼らに国のかじ取りがまかされるようになった。

チェルノブイリ原発周辺三〇キロメートル圏を「隔離」したのは、現状の放射線や土壌汚染のためだけではない。繰り返しになるが、不測の事態から周辺地域の人々を守るための措置である。多くの人々から住み慣れた土地と故郷を奪う残酷な政治決定であった。この決断の奥には、自分の生涯をはるかに超えて続くカタストロフィを前にして、人間存在が圧倒的に無力であることへの痛切な認識、未知の事態への「畏怖」があった。

事故から三一年。さすがにもう一度四号炉で爆発が起こると思っている人は少ない。でも、シェルターをかぶせたところで、今後の廃炉に向けた作業で、いつ何時不測の事態が起こるかもわからない。ゾーン内に、チェルノブイリ原発の内爆発を免れた原子炉や、国内の他の原発から運び込まれた使用済み燃料が集積されている。放射性廃棄物の保管庫もある。「不測の事態には、周囲にどんな影響を及ぼすかわからない」という状況自体は変わっていない。

そこに感じられていた「畏怖」が終わろうとしている。畏怖を失った政治指導者たちの決断が、何をもたらすのか。「最新の科学技術を用いればコントロールできる」という、いつかどこかで聞いた、自信に満ちた言説を人々が支持するとき、それが何をもたらすのか。

汚染地域における「通常の生活」

「来年から大人の健康診断は二年に一度になるんだよね」

ロシアの西端、ノボズィプコフ市の市民団体「ラジミチ」の代表者アントン(第7章参照)が、甲状腺検査室のストリナヤ医師に確認する。

「あれ、もうこの町は『第三ゾーン』でよいんだったかしら」

同団体の「チェルノブイリ情報センター」担当のカーチャ(第4、5章参照)が、申請書類に記入しながらたずねる。

第2章で述べたとおり、二〇一五年一〇月のロシア政府決議で彼らの住むノボズィプコフ市は、それまでの第二ゾーンのステータスを失い、第三ゾーンに引き下げられた。

ゾーン認定が引き下げられた分、補償も減る。具体的には住民に認められていた追加有給休暇が年二一日から一四日に減った。居住期間や健康状態に応じて受け取っていた月額保証金の額も引き下げられた。アントンが確認したとおり、一八歳以上の住民には、「第二ゾーンだった頃」毎年行なわれていた被災者健診が、今後は隔年になる(子どもには引き続き毎年行なわれる)。

汚染地域で子どもを育てる母親に支給されてきた児童手当上乗せ分も削減された。産休時給付も給与の八〇%であったのが四〇%に引き下げられた。ノボズィプコフ市で自ら子育て中のオクサナさんは「ノボズィプコフ市母の会」を設立して、この措置に抗議している。ノボズィプコフ市やブリャンスク州を地元とする国会議員たちに陳情を行ない、繰り返し抗議集会を開いてアピールしてきた。

「もともとリスクのある地域で、子育てのための負担が大きい保護者たちを支えようという趣旨の制度でした。リスクが目に見えて減ったとは実感していません。これでは、この町で子育てをしたいと思う人は増えないでしょう」とオクサナさんは言う。

ゾーン認定が一つ下がって、以前より「リスクも下がった」ので、「給付金も少なくしてよい、健診の回数も減らしてよい」という判断なのか。

被災地認定が全く取り消されてしまった地域もある。それらの地域では被災地住民として受けていた支援や補償はなくなった。「もう被災地ではないから、普通に暮らしてくださいね」というように。

この一連の削減政策が始まった二〇一五年は、チェルノブイリ原発事故から二九年。二〇一六年の三〇周年を前にして、政府が有無を言わさずに被災地の縮小、補償の切り捨てにかじを切ったことが感じられた。

「被災地認定の引き下げは、初めてじゃない。九〇年代末にも一度、政府が被災地域認定引き下げをやったことがあった。その時は住民が裁判を起こして、認定を回復したんだけどね」

「ラジミチ」の前代表で、現在保養キャンプ事業を担当するアンドレイは教えてくれた。

文献で確認すると、一九九七年に一度ロシア連邦政府決議(一二月一八日付)で、一連の地域の被災地認定の取り消し、引き下げが行なわれている。アンドレイの言う通り、その後の裁判によってこの決定は覆され、二〇〇五年四月七日の政府決議によりゾーン認定の回復が確定している。

確かに、事故三〇年を前にして突然被災地縮小政策、認定引き下げ政策が始まったわけではない。チェルノブイリ被災国の政府はチェルノブイリ原発事故一〇年後頃から、広大な「汚染地域」の認定取り消し、補償削減に向けた準備を進めてきた。

チェルノブイリ原発事故一〇年後の九六年からベラルーシにおいて、欧州委員会の資金援助、フランスの原子力専門家の指導のもと、汚染地域の住民が自主的に被曝リスクを管理し生活することを目指す「エートス」プロジェクトが始まる。地産食品の汚染を減らし、住民自ら防護策を実施することで、汚染地域での生活を継続するというプロジェクトである。主には「移住の権利」が認められた地域で、「移住策」への代替として住民自らの取り組みによる被曝低減が推奨された。このプロジェクトは、汚染地域において移住や保養などの特殊措置なしの「通常生活」を確立する取り組みとなった。

チェルノブイリ原発事故から約二〇年後、二〇〇五年の「チェルノブイリフォーラム報告書」では被害が限定的であることが強調された。

「そのころ、IAEAの専門家たちからチェルノブイリのテーマは過去のものと宣言されました。政府からもチェルノブイリプログラムはもう終わりにする、と伝えられました」とカーチャは言っていた（第7章参照）。

しかし、九〇年代末にも、二〇〇〇年代の間も、政府が望むほどのスピードで被災地縮小政策を進めることはできなかった。国際機関が宣言したように、「チェルノブイリを終わらせる」こともできなかった。チェルノブイリ法が定めた「一ミリシーベルト／年」の被曝基準や、三万七〇〇〇ベクレル／平方メートルの汚染基準、次世代まで続く健康診断制度などが歯止めとなった。

二〇一七年、チェルノブイリ三一年、福島第一原発事故六年を迎えた。

同年三月末に日本で避難指示区域外からの避難者への住宅支援が打ち切られた。同時期に、「帰還困難区域」と認められた一部の地域を除いて避難指示が解除された。

何が行なわれようとしているのか。この先に何が待っているのか。

「被災地の縮小は、九〇年代末から始まっていた」

「チェルノブイリはもう過去のこと。終わりにするって政府から伝えられた」

アンドレイやカーチャたちのことばが、切れ切れに思い出された。

「日本では、チェルノブイリよりもずっと早く進められている。早すぎるよ」

日本を訪問し、避難指示解除の状況を知るアントンは言った。

ロシアの西のはずれの田舎町で、人々が九〇年代以来の被災地認定取り消しや補償の打ち切りについて語る。既視感に襲われた。避難指示解除、支援の打ち切り。これはすべていつかどこかで起こったこと。それが日本では、ものすごいスピードで、繰り返され、原型すら追い越していく。

「通常生活活動条件への移行」――カタストロフィの終了のシナリオ

二〇一六年チェルノブイリ原発事故三〇周年を記念して刊行された『ロシア政府報告書』では最終章（第6章）に「放射能汚染ゾーンのレジーム変更と通常生活活動条件への移行」という章が設けられている。

この章の論旨を簡潔にまとめると次のようになる。

事故三〇年の対策と自然減衰によって、ほとんどの「被災地」で被曝リスクは著しく下がっている。これらの地域では特別な規制や補償を終わらせて「通常生活」に移行すべき時期だ。

以下に、特徴的な評価が示された部分を引用する。

> チェルノブイリ原発事故後長い年月が過ぎた後、主な課題となっているのは、居住地点に付与された放射能汚染ゾーンの法的ステータスの見直しである。対象となる居住地点では、放射線状況は正常化し、現行の法的基準に則して住民の生活活動にとっての危険はないからである。つまり、特別なリハビリ策なしに住民の定住、周辺地域の本格的な活用、経済活動を行なうための条件が保証されて

いる。（同報告書一八四頁）

アントンたちの町、ノボズィプコフ市の認定引き下げも、健診回数を減らしたことも、このような状況評価に基づいた政策決定である。

本書で繰り返し指摘してきたとおり、チェルノブイリ法は一度住民が避難した地域に、人を帰還させ定住させることに対して厳しい基準を設定している。その基準とは、放射線レベルが基準値を下回り、生活・経済活動条件を整備し、住民自身が自発的に望む場合のみ可能、というものだ。そしてこの法的歯止めが、なし崩しの避難指示解除や、帰還促進、移住先での支援打ち切りといった政策を阻んできた。

二〇一六年版『ロシア政府報告書』は、このようなチェルノブイリ法の基準がすでに不合理になったと評価する。そして、「通常生活活動条件への移行基準」を法的に確立する必要性を訴えている。つまりは、被災地認定を取り消し「普通に暮らしてください」と住民を放り出すための基準である。

住民の「通常生活活動条件への移行基準」（放射線要因による）は、現在のところ法的に確立していない。同様に放射能汚染を受けた地域における「通常生活活動の条件」という概念も導入されていない。（同一八六頁）

そもそも汚染を受けた地域における「通常生活活動」とは何を意味するのだろうか。同報告書は次のように定義している。

ロシアの専門家や学者も参加して策定されたＩＡＥＡの勧告案では、「通常生活活動」とは、放射線要因による制限や特別なリハビリ策なしに、住民の居住、周辺地域の活用、経済活動を行なうことである。（同一八八頁）

特別な制限や支援策なしの生活。つまりは「通常生活活動条件への移行」とは、汚染地域という特別な認定を取り消し、補償を打ち切ることを意味するのだ。

そして同報告書はさらに一歩踏み込んで、この「通常生活活動条件への移行」基準の導入により、「チェルノブイリ・カタストロフィ」を「終わらせる」ことができると主張する。

ここまで提案してきた基準の導入と実践における活用により、「事故の終了」と「生活活動の通常条件への移行」という概念を確立し、「チェルノブイリ被害の長期性」というイメージとの決別が可能になる。（同一八九頁）

「通常生活活動条件への移行」が完了すれば「カタストロフィ」は終わる。人々がどれだけの苦しみを引きずっていようと、どれだけの被曝量を身に受けていたとしても。政府が粛々と補償や規制措置を打ち切る。そこで「チェルノブイリ」が終わる。そういうことなのか。

この報告書刊行時点ではまだ、ロシアで汚染地域における「通常生活活動条件への移行」という法的基準は確立していない。しかし二〇一五年の政府決議により大規模な被災地認定引き下げ、取り消し政策は有無を言わせず実施された。「もう汚染地域ではないから普通に暮らしてください」という政策である。おそらくはアンドレイの語る九〇年代末の「被災地見直し政策」よりも、ずっと遠慮を知らぬ、問答無用の政策が進行している。

そしてチェルノブイリ政策文書を時系列に分析すると、この「通常生活への移行」実現に向けて、チェルノブイリ被災国では着実に準備が進められてきたことがわかる。

例えば事故から約一〇年後に当たる一九九五年、ロシア放射線防護委員会は、チェルノブイリ法が「五ミリシーベルト超」を義務的移住基準としたことに対し、「一ミリ、五ミリ、二〇ミリ」の三段階で被曝基準を定めゾーン分類する基準を新「コンセプト」として提案していた（「放射線災害の影響をうけたロシア連邦住民の放射線・医学・社会的防護とリハビリテーションのコンセプト」）。この提案が実現すれば、多くの被災地域で移住策を中止にできたであろう。しかし九一年に法制化されたチェルノブイリ法の基準がそれを阻んだ。チェルノブイリ法では、五ミリシーベルトを超える地域での長期定住を認めず、二〇ミリシーベルトという数字を正当化する条文はないからだ。

このロシア放射線防護委員会の提案はチェルノブイリ被災地においては適用できなかった。この二〇ミリシーベルト基準によるゾーニングという提案の実現は、「次に起きる原子力災害の被害地」に持ち越されることになった。

そして「通常生活活動条件への移行」（補償や認定の打ち切り）という計画は着実に準備が進められてきた。二〇一一年一二月三〇日に、衛生基準策定を担当する政府機関である連邦消費者権利保護・福祉監督庁

〈ロスポトレブナドゾル〉が一つの勧告を出した。「居住地点を放射線災害後の条件から、住民の通常生活活動条件に移行させる手続きを保証するための基準と要件」と題された勧告だ。

チェルノブイリ原発事故から二五年が経過し「すでに放射線量や被曝リスクはおおむね基準以下に下がっている」という評価に基づき、「通常生活活動条件」に移行させる(つまり補償や規制措置を打ち切る)ための手続きを示すものだ。

このようなアプローチによって「事故の終わり」と「生活活動の通常条件への移行」という概念を確立し、「チェルノブイリ被害の永久性」というイメージと決別できる。

と同勧告には示されている。そのうえでこの勧告では、補償打ち切りの社会経済的な影響を考慮して、特区を設置して対象地域の経済発展を後押しすること、予定された「通常生活活動条件への移行」の五年前から住民の生活水準維持のためのプログラムを策定すること、など「打ち切り」に向けた準備策を提案している。

そしてこの二〇一一年の勧告からおよそ五年後に、ロシアでは被災地認定引き下げ、取り消しが大規模に行なわれた。

気になるのが、この勧告が出された日付二〇一一年一二月三〇日である。

そのおよそ半月前に、日本でどんな政策決定がなされたか思い出してほしい。

福島第一原発事故収束宣言。

福島第一原発事故の「収束」は事故一年を待たず宣言された。ここから日本では、避難指示区域再編と解除に向けたスケジュールが動き出す。そこからおよそ五年後(二〇一七年三~四月)に、区域外避難者への住宅支援は打ち切られ、広い地域で避難指示が解除された。

日本における「事故収束宣言」と時期を同じくするように、ロシアでは「チェルノブイリ原発事故の終了」に向けたシナリオが提示されていた。これも、およその五年後(二〇一六年)に、補償の打ち切り、被災地認定の取り消し、という形で着実に実行に移されている。

偶然の一致だろうか。

ロシアやウクライナでチェルノブイリの問題に従事した専門家はIAEAなどの国際機関においても、基準や勧告の策定に参加している。そのうち複数の専門家は、福島第一原発事故後、日本政府のワーキンググループや日本で行なわれた国際会議の場で、復興に向けたシナリオの提案を行なっている。同じ二〇一一年一二月に「原子力災害の終わり」という概念が、二つの被災国で提示された。そしてその概念の実現に向けて、着実に政策が進められてきた。

無抵抗の代償

確実に一つだけ、いえることがある。

チェルノブイリにおける先例が、原発事故後の日本の政策に影響を与えたように、いま日本で起きていることはチェルノブイリ被災国に影響を与えている。少なくとも、チェルノブイリ被災国と、日本の原発事故被害対応政策には相互参照性がある。

福島第一原発事故後、日本で行なわれたことは、チェルノブイリ政策の参考にされてきた。そして今後もそれは続く。日本で二〇ミリシーベルトが許容されれば、次の原子力災害においてはそれが先例となる。日本で住民の反対を無視した避難指示解除が順調に進めば、チェルノブイリ被災国政府は「事故六年後で解除してよいのなら、三一年後のわが国ではなおさら」と出る。

ロシアで、チェルノブイリ被災地の範囲が縮小された。

アントンたちの健康診断が二年に一回になったこと、オクサナさんたちの児童手当が減額になったこと。この急激な政策転換は、すべて福島第一原発事故後に起こった。

「日本には、抵抗の文化がないように見える」

ノーベル文学賞作家アレクシエーヴィチは言う。

そんなことはない、抵抗の声を上げている人々もいる。

その通りだろう。そのことはアレクシエーヴィチも理解したうえで言っている。ただチェルノブイリを体験した人々から見れば、国民的な「抵抗」運動がないことに驚くのだろう。

目の前で住居を追い出される人々がいるのに。

チェルノブイリを体験した人々からは、異様に映るだろう。

チェルノブイリ被害者たちは、学者であろうが、ジャーナリストであろうが「私の仕事は提言をまとめるまで」「私の仕事は事実を伝えるだけ」などと言わない。職業生命を懸けて政治運動に参加した。被害者の代表を議会に送り込み、被害者補償法を勝ち取った。法律が改悪されるたびに、陳情やデモが繰り返され、法廷闘争は違憲立法審査や、欧州人権裁判所にまでも展開する。

日本で人々が「政治的でない」ことを良しとし、「それぞれが身の回りでできることをやればいい」と身近な改善に努力するとき。その一つ一つの取り組みは尊いものだ。でもチェルノブイリではそれを「抵抗」とは認識しない。

それは「抵抗(Soprativlenie)の文化」という言葉だった。

「Soprativlenie（ソプラチブレニエ）」。「相互に・共に」をあらわす接頭辞「SO」と英語の「Against」に当たる「Protiv」を語幹にして成り立つ。「相対して抗う」。「向かってくる圧力に真っ向から対峙する」ニュアンスがある。

そんな文化、もともと日本にはないよ。市民革命もなかった。戦後はずっと被占領国家として生き抜いてきた。「真っ向から対峙」しないことで、つぶされずに、なんとか折り合いをつけて、やってきたのだから。

歴史背景を分析し、「抵抗しない私たち」の社会構造を解説することはできるだろう。でも、「日本の問題だ、ベラルーシのあなたには関係ない」と切り捨てることはできない。「無抵抗」の代償を払うのは、私たちだけではない。

補論

「チェルノブイリ」の知見は生かされているか

『ロシア政府報告書』(二〇一一年版)から読み解く甲状腺がんの実態

本書第6章では事故後三〇年を記念して刊行された二〇一六年版『ロシア政府報告書』における、健康被害についての評価を紹介した。

実はこれより五年前の二〇一一年、チェルノブイリ二五周年の『ロシア政府報告書』に、原発事故後の日本にとって無視できないデータが示されている。甲状腺がんに関するデータである。

チェルノブイリの被害といえば、世界的に広く知られているのは「甲状腺がん」であろう。まだ幼さの残るティーンエイジャーが首の手術跡を見せる悲痛な写真や映像を見たことのある人は多いはず。おそらくそれらの映像のインパクトも手伝って、「子どもの甲状腺がん」がチェルノブイリの代名詞のように定着している。

でも、最大多数の被害者は本当に「子ども」なのか？　「子ども」とは何歳までのことなのか？　実はあいまいなまま語られていることが多い。

では、被災国ロシアの政府報告書は、チェルノブイリ被害としての「甲状腺がん」をどのように示しているのか。この二五周年報告書の内容を紹介したい。

「チェルノブイリ原発事故以前、甲状腺がんの検出件数は平均で一年あたり一〇二件であった。事故以前の時期の最少年間件数は、一九八四年の七八件である。それがすでに一九八七年には甲状腺がん検出件数が著しく増加し、一六九件に達した」(傍点筆者)

これは、チェルノブイリ原発事故二五周年に発行された二〇一一年版『ロシア政府報告書』の主要汚染地域における甲状腺がんに関する記述である。チェルノブイリ原発事故(一九八六年)の翌年には甲状腺がんが増加したという。

日本では環境省などが「チェルノブイリで甲状腺がんが発生したのは四~五年後」と説明してきた。マスコミでも「四~五年目に増加」「五年目頃に増加」という報道が多い。これが、福島第一原発事故後三年目までに検出された甲状腺がんに「放射能の影響は考えにくい」(因果関係なし論)とする根拠の一つとなっている。

しかし前述のように、チェルノブイリ被災国ロシアの公式報告書は二年目からの増加を認めている。増加時期だけではない。『ロシア政府報告書』には、日本で「チェルノブイリ甲状腺がん」についてしばしば語られることと、明確に食い違うデータが示されている。

ここでは、これまで日本でほとんど紹介されていない『ロシア政府報告書』の「甲状腺がん」についての記述を分析する。被災国ロシアが、「チェルノブイリ甲状腺がん」についてどのように評価しているのか、この報告書から読み解く。

『ロシア政府報告書』とは

この報告書の正式名称は『チェルノブイリ原発事故から二五年――ロシアにおける事故被害克服の総括と展望　一九八六―二〇一一』。二〇一一年にチェルノブイリ原発事故から二五年を記念して発行された。序章、結論のほか五章構成、出典情報も含めて全一六〇頁。ロシアにおけるチェルノブイリ原発事故被害の状況と、二五年にわたる被害克服の取り組みについてまとめられている。二〇一八年一月現在でも、『ロシア政府報告書』は一部を除いて和訳・公開されていない。

表10-1　2011年版『ロシア政府報告書』の構成

序章	
第1章	事故被害最小化に向けた取り組み
第2章	事故の放射線環境学的影響
第3章	収束作業参加者と住民の被曝量
第4章	事故の医学的影響
第5章	ロシア連邦におけるチェルノブイリ事故被害克服
結論	

ロシア科学アカデミー附属の「原子力安全発展問題研究所」、放射線衛生基準を管轄する「連邦消費者権利保護・福祉監督局」、疫学調査を管轄する「保健省管轄国立医学放射線研究センター」などが報告書の作成に参加している。監修を務めたのは「非常事態省」である。この『ロシア政府報告書』は全体的に、健康被害の認定には消極的だ。甲状腺がんや一部作業員の白血病、急性放射線症等を除いて、原発事故起源の健康被害を認めてはいない。同時期に発行された『ウクライナ政府報告書』(二〇一一年)が、幅広くがん以外の疾病を認めて注目を集めたのと対照的である。ちなみにロシアは、甲状腺がんの原発事故起因性を認めたのもウクライナ、ベラルーシに比べて遅かった。

それでも『ロシア政府報告書』には、疫学調査データや健康診断の制度、地域の汚染状況などについて、貴重な情報も多い。特に、本稿で紹介する「甲状腺がん」についての項目では、日本でまだ広く知られていないデータを含んでいる。このデータは、日本の政府機関や福島県の専門家が示す「チェルノブイリ甲状腺がん」についての説明と、いくつかの点で大きく食い違っている。

『ロシア政府報告書』による「甲状腺がん」の評価

甲状腺がんは、WHOやIAEA等の国際機関がチェルノブイリ原発事故の影響を認める数少ない健康被害の一つである。福島第一原発事故後、日本でも甲状腺がんが増加するのではないかと懸念する声は根強い。その一方で、福島県で甲状腺検査を実施する担当医や、県民健康調査検討委員会は「チェルノブイリ甲状腺がん」との違いを強調して、「(福島で)放射線の影響は考えにくい」との見解を示してきた。

その論拠として「チェルノブイリ甲状腺がん」については、次のように説明されている。

1　チェルノブイリでは四〜五年後に甲状腺がんが増加した(増加時期)。

2　チェルノブイリでは事故時五歳以下の層に甲状腺がんが多発(年齢層)。

3　福島県では被曝線量がチェルノブイリ被災地と比べてはるかに少ない(被曝量)。

しかし『ロシア政府報告書』を見ると、かならずしもこのように言い切れないことが分かる。以下、それぞれの論点について『ロシア政府報告書』がどのように述べているか、見てみたい。

(1) 増加時期：二年目から甲状腺がんが増えている

福島県民健康調査の甲状腺検査を担当してきた、福島県立医大の鈴木眞一教授は、次のように言う。

「放射線の影響による甲状腺癌の発症は最も早いとされるチェルノブイリですら事故後四、五年後であり、それを上回る線量は想定されていない福島においては、もっと早い時期にスクリーニングを施行することで放射線事故の影響と関連のない甲状腺疾患の存在を個々に認識していただき、今後甲状腺癌発生の増加をみないことを証明するための礎とする、ということとなった」（鈴木眞一「福島原発事故後の県民健康管理調査、とくに甲状腺検査について」傍点筆者）

つまりチェルノブイリでは事故後三年までに甲状腺がんの増加は見られないので、「福島でも三年目までの甲状腺がんは放射線の影響ではない」という前提になっている。

しかし、冒頭で述べたとおり、『ロシア政府報告書』は、事故二年目から甲状腺がんが増えていたことを明示している。

図10-1を見ると、ロシアの被災地で一九八七年から甲状腺がんの増加が見られ、九一年を過ぎるあたりで急増していることが分かる。ここからも分かるとおり、「四～五年後に甲状腺がんが増えた」というのは正確でない。「二年目から増加し、四～五年後に大幅に増加」と言いなおすべきである。当然、福島県で三年目までの甲状腺がんは原発事故と無関係、という論拠にはならない。

(2) 年齢層：事故直後数年、「事故時五歳以下」の層に甲状腺がん増加はない

チェルノブイリの甲状腺がんは、「事故時五歳以下」の層に多発したと言われることが多い。福島県では事故五年後の時点までに事故当時五歳以下の層に甲状腺がんは見つかっていなかった。「事故当時五歳以下からの発見はないこと」も「（放射線の影響を）考えにくい」とする根拠の一つとなされてきた（平成二

七（二〇一五）年三月、県民健康調査検討委員会中間とりまとめ）。なお、その後二〇一六年六月六日の検討委員会で、事故時五歳以下の児童の発症例が報告されることになる。

「チェルノブイリでは事故時五歳以下の層に甲状腺がん多発」という説明は、事故後二〇〜三〇年のスパンで見れば正しい。しかし「事故時五歳以下の層」に甲状腺がんが増加したのが「いつ頃」かを考慮しなければならない。

『ロシア政府報告書』は被災地における年齢グループ別の一〇万人あたり甲状腺がん件数を示している（**図10-2**）。ここから、事故時〇〜五歳の層に甲状腺がんが増えたのがいつ頃か、大まかにとらえることができる。「事故時〇〜五歳」の層に甲状腺がんが目立って増えるのは、一〇年後の彼らが一〇歳以上、または一〇代半ばになる一九九五年頃だ。九五年前後に、「一五〜一九歳」のグループに件数が目立って増えていることに注目してほしい。一方「事故時一五〜一九歳」の層について言えば、事故直後の年（事故時一九歳の未成年が「二〇歳以上」グループに移行するタイミング）から若干の増加があり、彼らがすべて成人となる九一年頃から「二〇歳以上」グループに目立って増えている。**図10-2**を見る限り、「二〇歳以上」グループの発症件数が多く増加も続いている。これは幼児期または一〇代にヨウ素被曝した人々が成人し、「二〇歳以上」グループの発症件数が増えたためだ。なおこの報告書は事故時一八歳以上・成人層に甲状腺がん件数が多いことについて、スクリーニング効果の影響としている。

ちなみに『ウクライナ政府報告書』（二〇一一年）のデータでも、事故後五年頃までは「事故時〇〜一四歳」のグループに甲状腺がんの顕著な増加はない。むしろ事故翌年に「事故時一五〜一八歳」の層に甲状腺がんが増加している。福島県で、事故六年後までの時点で、事故時五歳以下の層に甲状腺がんが少ないとしても，「チェルノブイリ甲状腺がん」との「違い」とは言えない。

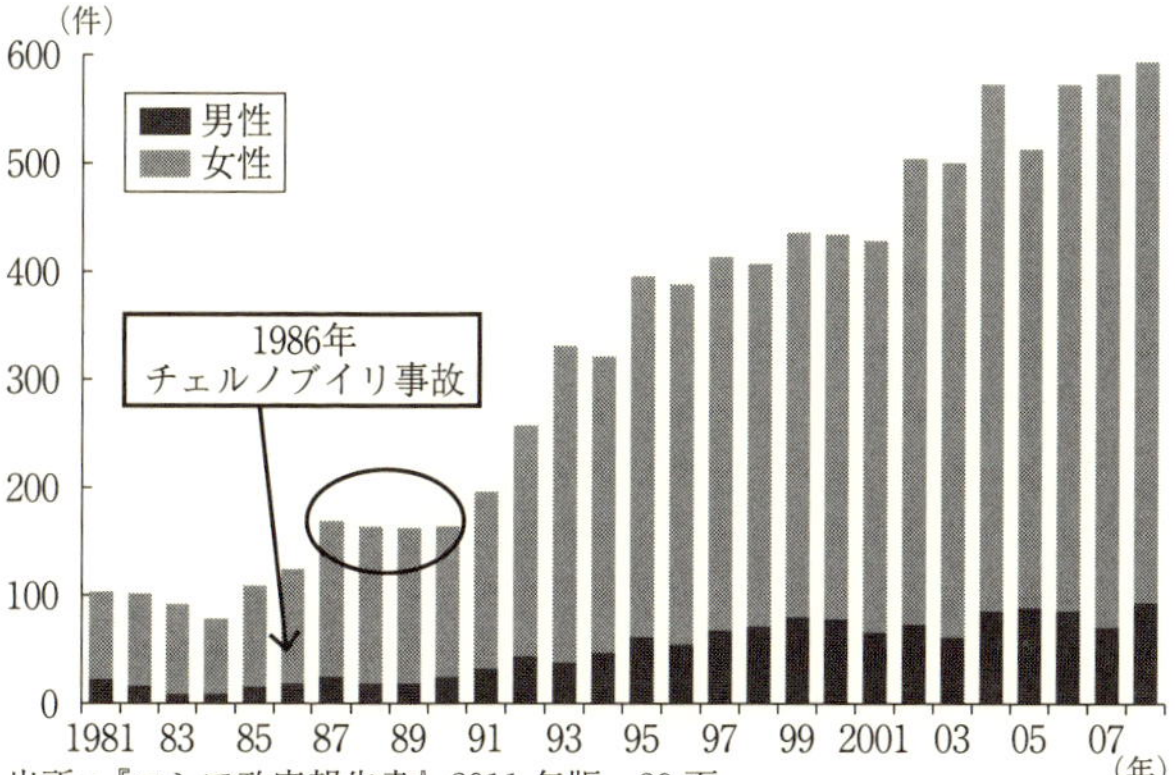

出所：『ロシア政府報告書』2011年版，89頁

図 10-1 ロシア主要被災州(ブリャンスク，カルーガ，トゥーラ，オリョール)における住民の甲状腺がん件数の推移(1981〜2008年)

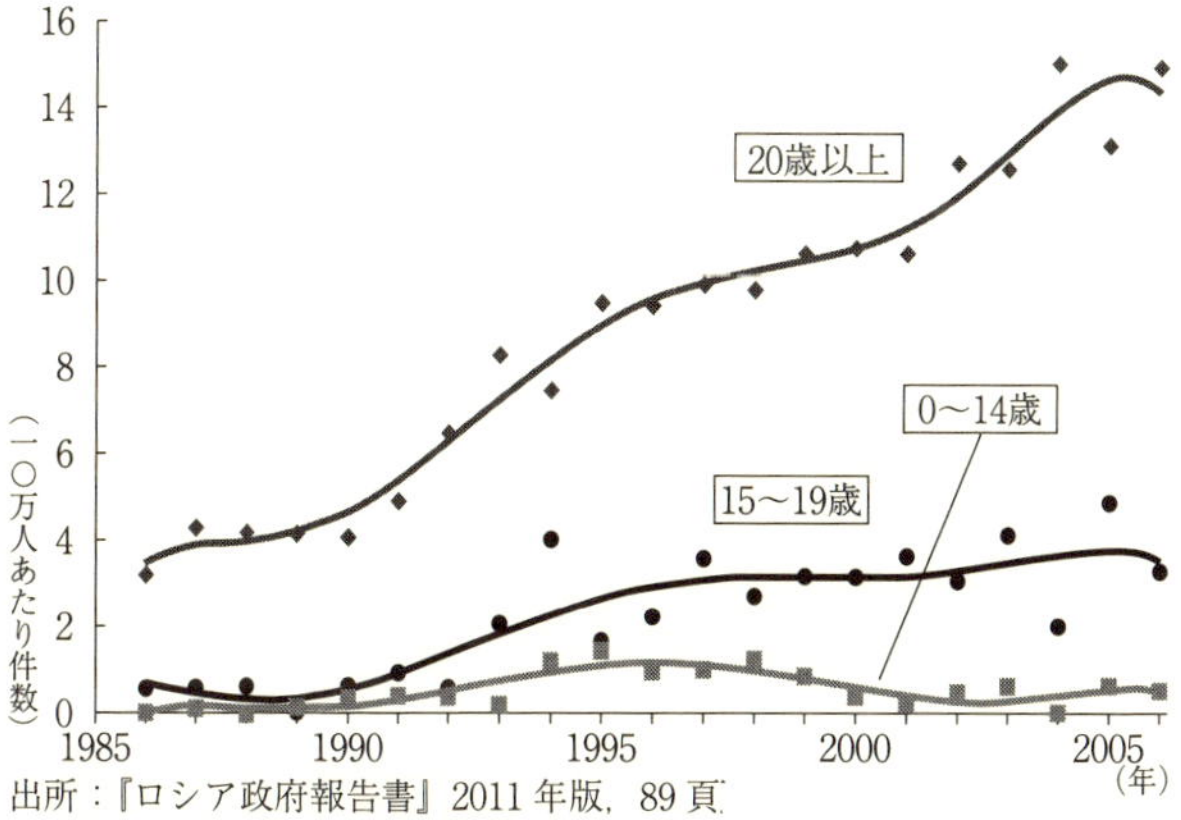

出所：『ロシア政府報告書』2011年版，89頁

図 10-2 ロシア主要被災州(ブリャンスク，カルーガ，トゥーラ，オリョール)における甲状腺がん件数，年齢グループ別(1986〜2006年)

（3）被曝量：比較的低い被曝線量の地域でも甲状腺がんが増加

またチェルノブイリ甲状腺がんについて、「一〇〇ミリシーベルトを超える被曝で増加」という説明がある。福島県では「チェルノブイリ原発事故で甲状腺癌が発症したとされる一〇〇ミリシーベルトを超える内部被曝線量も考えられない」と鈴木眞一教授は強調する（鈴木眞一「小児甲状腺検査の実情」『日本医事新報』第四五九三号、二〇一二年五月五日）。

チェルノブイリ被災地よりも福島県内の方が被曝量がずっと低いため、甲状腺がんは増えないという考え方だ。住民被曝量の最大値を比較すれば、確かに福島県内の方がチェルノブイリの高度汚染地域よりも低い。UNSCEARの推計では、福島県内の一歳児の甲状腺吸収量の最大値は約八二ミリグレイ。チェルノブイリ原発事故の高度汚染地域（ロシア・ブリャンスク州西部など）では、一部五〇〇ミリグレイ以上の甲状腺被曝が推計される。ここだけを比較すれば、日本の方が圧倒的に被曝量は低いと見える。

しかしロシアの被災地では、より低い被曝量が推定される地域でも甲状腺がんの増加が認められている。『ロシア政府報告書』は、児童の甲状腺被曝を地域ごとに推計したデータをマップ化し掲載している（図10-3）。このマップによれば、原発から五〇〇キロメートル以上離れたロシアのカルーガ州南部には、一〇〜二〇ミリグレイまたは二〇〜五〇ミリグレイ程度の甲状腺被曝が推定される。一〇ミリグレイ以下の地域もある。それらの地域でも、甲状腺がんが増えたとされている。

チェルノブイリ被災国の知見の再検証を

『ロシア政府報告書』における「チェルノブイリ甲状腺がん」についての評価は、次のようにまとめることができる。

・チェルノブイリ原発事故被災地では「事故後二年目」に甲状腺がんが増え「四〜五年目」に大幅増加した。

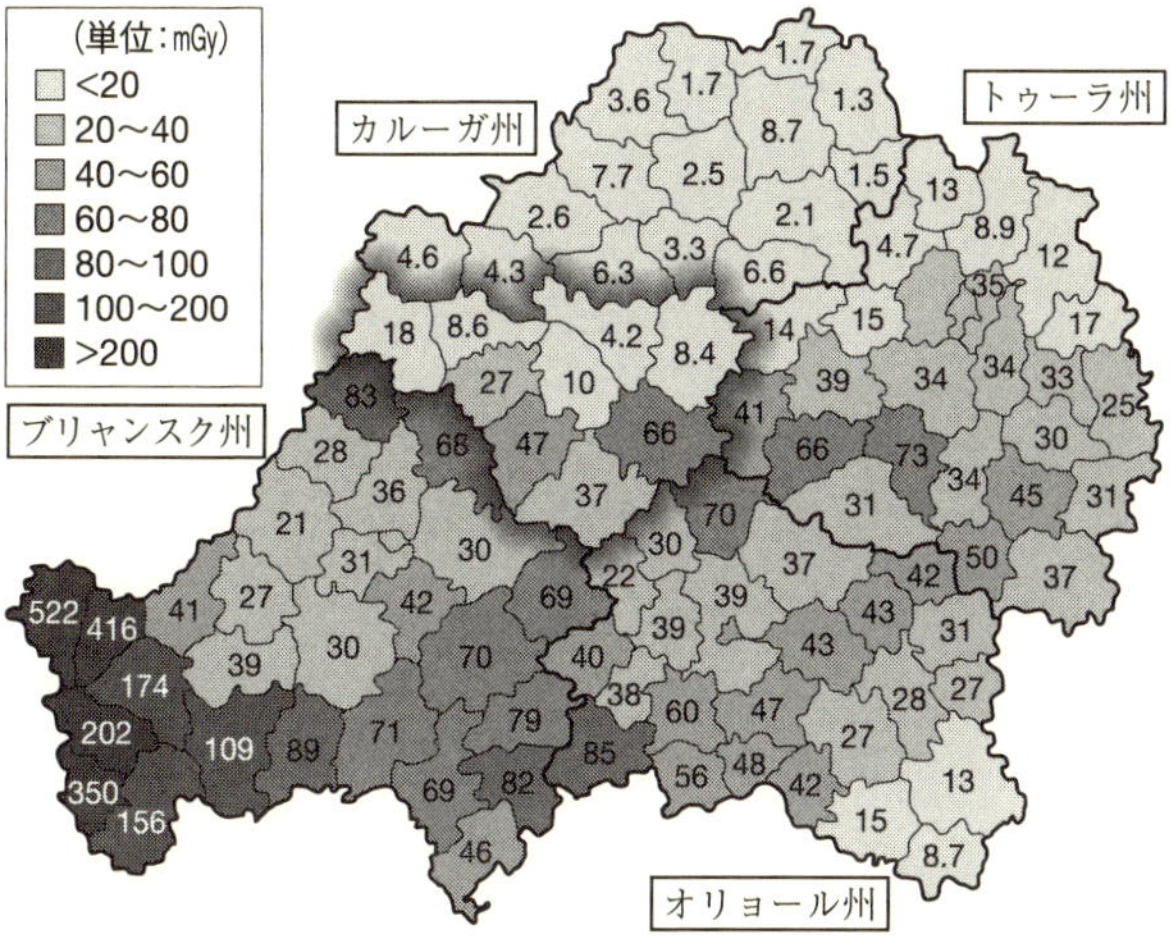

出所：『ロシア政府報告書』2011 年版，66 頁をもとに作成

図 10-3 ブリャンスク，オリョール，カルーガ，トゥーラ州に住む児童のチェルノブイリ原発事故による甲状腺被曝地区別平均値

・「甲状腺がん」は事故時五歳以下のグループに増加したが、この層に甲状腺がんが多発したのは事故から一〇年後頃、彼らが一〇代になった後である。事故直後数年間をみると、事故時一〇代後半の層および成人層に甲状腺がんが増えている。

・甲状腺がんが増えたとされるロシアの被災地の一部では、児童の甲状腺被曝量は数ミリグレイ〜数十ミリグレイと推定されている。

日本では県民健康調査の担当医や検討委員会が、チェルノブイリ甲状腺がんについて「四〜五年後に増加」「事故時五歳以下の層に増加」「一〇〇ミリシーベルト超の内部被曝で増加」

という点を強調してきた。そして、福島県で見つかった甲状腺がんとの「違い」に焦点が当てられてきた。『ロシア政府報告書』と照らし合わせると、このような説明が必ずしも妥当でないことが分かる。健康被害認定に対して慎重なロシアですら、甲状腺がんについて事故後二年目での増加を認めている。そして「事故時五歳以下」層に甲状腺がんが多発したのは、一〇年近く経ってからのことである。なぜこのことについて、日本で広く言及されてこなかったのか。

本稿は福島県で見つかった甲状腺がんの放射能起因性を断言するものではない。ただ、「因果関係否定」の論拠として「チェルノブイリ甲状腺がん」が引き合いに出されるとき、その説明に不正確さが目立つ。少なくとも、被災国の提示するデータは、それらの説明と大きく食い違う。

もう一度チェルノブイリ被災国が提示するデータを検討する必要性を訴えたい。

おわりに――その後の世界で、きみと

福島第一原発事故後に生まれた息子が、もうすぐ四歳になる。

あなたが小学生、中学生になったとき、二〇一一年以降起きているこの一連の「何か」を、私はどう説明するのだろう。

アレクサンドルやカーチャは、それぞれ、語る言葉、伝えたいことを持っていた。「まあいいじゃないかそのことは」とか、「それは政治的な問題になるから」と、黙ってはぐらかそうとはしなかった。

医師も聖職者も、チェルノブイリをどう位置づけて評価するのか、それぞれの視座から語り続けている。

福島第一原発事故の直後、私はコンサルタントとして、チェルノブイリの先例から「復興」のヒントを探そうとした。

チェルノブイリ法の条文や、被害を生き続ける人々に出会い、彼らが「復興」という言葉を使わないことに気づいた。

原子力発電所の爆発とは、災害ではないのだ。巨大な力を持つ何者かによる、命と権利の蹂躙。それに対して彼らが求めてきたのは、「復興」ではなかった。

「回復されざる被害の承認」「息子たち、娘たちには被害を引き継がせないこと」、そして「この世を超えた救済」みたいなもの……。

チェルノブイリからの言葉を伝えるとは、簡易な解決策を見つけて提示することではなかった。ユーラシアの大地の底からの嘆きを、怒りを、生き残りの願いを身に受け止めて、自らの願いを日本語で発すること。怒りを共振させ、願いを言葉にして、意思決定者に覚悟を問うこと。私には、存在と人生を壊してしまうくらいの、危険な作業だった。私の話す日本語は、あれ以来、ずっと失敗した翻訳みたいだ。

今回、二〇一六年に行なった連載を本として世に問う機会をいただいた。当初、「本になるのか」というためらいも少しあった。チェルノブイリ三〇年という、社会の関心が集まるアニバーサリーはもう過ぎてしまった。実際二〇一七年の四月、三一年目にはチェルノブイリの特集なんてほとんど報じられなかったじゃないか。それに連載は、一話読み切り式の形で作ったもの。これが一つのストーリー構成をもった本に生まれ変わりうるのか。

「確かに報道や特集は少なくなった。でも問題の切実さは変わらない。だからこそ、関心のある人、勉強したい人は『本』を待望している」

編集担当の田中宏幸氏の言葉が、強く背中を押してくれた。

田中氏が初回の打ち合わせで提示した「構成案」を見て、「あっ、本になりそう」と直感的に第二の疑問も消えた。

編集とは、本を作ることの意義を、著者に教えてくれるものなのだ、とあらためて気づかされた。

この本には、編集者としてもう一人の生みの親がいる。二〇一六年の『世界』連載を担当してくれた堀由貴子さんである。ユーラシアの言葉を受け止めて、体の中に流して、日本語で吐き出すような私の文体には、時に余剰が生じる。そこをうまくそぎ落とし、「言葉を研ぎ澄ます」作家としての文体を作ってくれた。堀さんならどう手を入れるだろうな、「ここは削られるかな」なんて思いながら、この「おわりに」も書いている。


前向きなメッセージで終われたらよいのだが、それはできそうにない。

アレクサンドルもカーチャも、前を向いて日々を生き抜きながら、後ろも見続けていた。

それを教えてもらった。

そこから、いつか。翻訳でなく、僕の日本語で、きみに話したいんだ。

何が起こったのか。そして何を願うのか。

二〇一八年一月

尾松　亮

第1～8章は、『世界』二〇一六年五月号～一一月号および二〇一七年一月号掲載の連載「事故三〇年　チェルノブイリからの問い」(全八回)を再構成し、加筆・修正を行なった。

終章は書き下ろし。

補論は『世界』二〇一六年三月号掲載の「『チェルノブイリ被災国』の知見は生かされているか」に加筆・修正を行なった。

本書で使用されている写真について出典がないものは、著者による撮影。

尾松 亮

1978年生まれ．東京大学大学院人文社会研究科修士課程修了．2004～07年，文部科学省長期留学生派遣制度により，モスクワ大学文学部大学院に留学．その後，日本企業のロシア進出に関わるコンサルティング，ロシア・CIS地域の調査に携わる．11～12年「子ども・被災者生活支援法」(2012年6月成立）の策定に向けたワーキングチームに有識者として参加，立法提言に取り組む．現在，関西学院大学災害復興制度研究所研究員．著書に『3·11とチェルノブイリ法――再建への知恵を受け継ぐ』(東洋書店新社)．共著に『原発事故 国家はどう責任を負ったか――ウクライナとチェルノブイリ法』(東洋書店新社)，『フクシマ6年後 消されゆく被害――歪められたチェルノブイリ・データ』(人文書院）ほか．

チェルノブイリという経験―フクシマに何を問うのか

2018年2月21日　第1刷発行

著 者　尾《お》松《まつ》 亮《りょう》

発行者　岡本 厚

発行所　株式会社 岩波書店
〒101-8002 東京都千代田区一ツ橋2-5-5
電話案内 03-5210-4000
http://www.iwanami.co.jp/

印刷・精興社　製本・中永製本

ISBN 978-4-00-023894-6　Printed in Japan